Arbeitsheft

Zahlen und Größen
Klasse 5
Nordrhein-Westfalen

Zahlen und Größen 5

Nordrhein-Westfalen

1 cm² = 100 mm²

1000 m = 1 km

500 mm = 50 cm = 5 dm

1 Tag = 24 Stunden

Online Angebot

Cornelsen

LÖSUNGEN

Cornelsen

Inhaltsverzeichnis

Dieses Heft gehört:

Klasse:

1

Daten erheben und auswerten

▲ Grundwissen

- Das Minimum ist der kleinste Wert einer Datenreihe.
- Das Maximum ist der größte Wert einer Datenreihe.
- Die Spannweite gibt den Unterschied zwischen Maximum und Minimum an.
- Der Zentralwert (Median) halbiert die geordnete Liste.

Beispiel: Anzahl der Treffer: 4; 5; 7; 3; 3; 4; 7; 8; 3
geordnete Liste: 3; 3; 3; 4; 4; 5; 7; 7; 8
Minimum: 3   Maximum: 8
Spannweite: 5   Zentralwert: 4

► Auftrag: Ergänze das Beispiel.

Trainieren

1 Unterstreiche jeweils das Minimum rot und das Maximum blau. Gib die Spannweite an.

a) 1; 3; 5; 6; 10
Spannweite: 9

b) 11; 13; 17; 12; 8; 10
Spannweite: 9

c) 31; 13; 15; 61; 82; 10
Spannweite: 72

d) 9; 0; 5; 8; 21
Spannweite: 21

e) 51; 45; 5; 6; 18; 24
Spannweite: 46

f) 78; 23; 48; 78; 18; 36
Spannweite: 60

2 Ordne die Zahlen der Größe nach und gib jeweils den Zentralwert an.
Hinweis: Bei einer geraden Anzahl ist der Zentralwert der gemittelte Wert beider in der Mitte stehenden Werte.

a) 7; 8; 5; 6; 8; 5; 8
5; 5; 6; 7; 8; 8; 8
Zentralwert: 7

b) 17; 12; 18; 13; 6; 17; 8
6; 8; 12; 13; 17; 17; 18
Zentralwert: 13

c) 41; 13; 25; 61; 22; 10; 15
10; 13; 15; 22; 25; 41; 61
Zentralwert: 22

d) 7; 0; 5; 9; 21
0; 5; 7; 9; 9; 21
Zentralwert: 8

e) 51; 45; 5; 6; 18; 22
5; 6; 18; 22; 45; 51
Zentralwert: 20

f) 78; 23; 46; 78; 12; 36
12; 23; 36; 46; 78; 78
Zentralwert: 41

3 Ergänze die Angaben zum Wetter.

Düsseldorf	Jan.	Feb.	März	April	Mai	Juni	Juli	Aug.	Sept.	Okt.	Nov.	Dez.
Sonnenstunden pro Tag	2	2	3	5	7	7	6	7	5	3	2	1
Tagestemperaturen in °C	5	8	11	15	20	22	23	24	20	14	8	5
Niederschlagstage pro Monat	12	13	15	13	11	13	11	7	11	13	14	16

a) geordnete Liste zu den „Sonnenstunden pro Tag":
1; 2; 2; 2; 3; 3; 5; 5; 6; 7; 7; 7
Minimum: 1   Maximum: 7   Spannweite: 6   Zentralwert: 4

b) geordnete Liste zu den „Tagestemperaturen in °C":
5; 5; 8; 8; 11; 14; 15; 20; 20; 22; 23; 24
Minimum: 5   Maximum: 24   Spannweite: 19   Zentralwert: 14,5

c) geordnete Liste zu den „Niederschlagstagen pro Monat":
7; 11; 11; 12; 13; 13; 13; 13; 14; 15; 16
Minimum: 7   Maximum: 16   Spannweite: 9   Zentralwert: 13

---

4 Lieblingsfarben der Schülerinnen und Schüler der fünften Klassen

Farbe	rot	blau	gelb	grün	schwarz	braun	lila	rosa	weiß
Striche	ⅢⅢ	ⅢⅢ Ⅲ	Ⅱ	ⅢⅢ	Ⅲ	Ⅱ	ⅢⅢ	ⅢⅢ Ⅰ	Ⅲ
Anzahl	5	9	2	4	3	2	5	6	3

a) Trage jeweils die entsprechende Anzahl in der Tabelle ein.
b) Ergänze die Angaben.

geordnete Liste: 2; 2; 3; 3; 4; 5; 5; 6; 9
Minimum: 2   Maximum: 9   Spannweite: 7   Zentralwert: 4

Farben nach Beliebtheit sortiert: gelb und braun; schwarz und weiß; grün; rot und lila; rosa; blau

Anwenden und Vernetzen

5 Bowlingergebnisse

a) Ordne zuerst die Ergebnisse. Ermittle danach das Minimum, das Maximum, die Spannweite und den Zentralwert.

Punkte von Anna: 4; 7; 9; 4; 6; 9; 2; 3; 11; 12
geordnete Liste: 2; 3; 4; 4; 6; 7; 9; 9; 11; 12
Minimum: 2   Maximum: 12   Zentralwert: 6,5
Spannweite: 10

Punkte von Erik: 4; 17; 18; 7; 5; 7; 11; 4; 5; 16
geordnete Liste: 4; 4; 5; 5; 7; 7; 11; 16; 17; 18
Minimum: 4   Maximum: 18   Zentralwert: 7
Spannweite: 14

Punkte von Luise: 3; 15; 18; 7; 9; 3; 11; 1; 2; 10
geordnete Liste: 1; 2; 3; 3; 7; 9; 10; 11; 15; 18
Minimum: 1   Maximum: 18   Zentralwert: 8
Spannweite: 17

Punkte von Benito: 0; 8; 22; 3; 19; 14; 17; 11; 5; 8
geordnete Liste: 0; 3; 5; 8; 8; 11; 14; 17; 19; 22
Minimum: 0   Maximum: 22   Zentralwert: 9,5
Spannweite: 22

b) Ermittle den Sieger nach Punkten.

Anna: 67 Punkte; Erik: 94 Punkte; Luise: 79 Punkte;
Benito: 107 Punkte. Benito ist Sieger nach Punkten.

c) Paul sagt: „Ich habe bei fünf Versuchen mindestens 7 Punkte und höchstens 14 Punkte erreicht. Der Zentralwert ist 8. Insgesamt sind es 50 Punkte."
Schreibe Pauls Punkte als geordnete Liste auf.
7; 8; 13; 14 oder 7; 7; 8; 14; 14

d) Bei einer Umfrage wurden 50 Schülerinnen und Schülern der fünften Klassen gefragt, in welchem Verein sie sind. Alle waren in einem Verein. Wie viele können maximal in mehreren Vereinen sein?

Handball	Schwimmen	Tennis	Fußball	Bowling	Turnen
ⅢⅢ Ⅲ	ⅢⅢ Ⅲ	ⅢⅢ	ⅢⅢ ⅢⅢ ⅢⅢ	Ⅲ	ⅢⅢ ⅢⅢ Ⅲ

Maximal sieben können in zwei Vereinen sein.

Daten darstellen

▶ Grundwissen

Daten können unterschiedlich dargestellt werden, z. B. mit Texten, Listen, Tabellen, Diagrammen. ...

Beispiel: Haustiere der 5a

Tiere	Anzahl
Hunde	|||
Katzen	ЖЖ |||
Vögel	||
Hamster	ЖЖ	

Strichliste

Säulendiagramm

▶ Auftrag: Ergänze die Strichliste und das Säulendiagramm.

Trainieren

1 Ergänze die Tabellen.

a) Lena, Axel und Noah haben ihre Siege beim Würfeln erfasst.

Person	Anzahl
Lena	4
Alex	6
Noah	2

b) Die Leiterin einer Bäckereikette veranschaulichte die Anzahl ihrer Verkäuferinnen.

Ort	Verkäuferinnen
Köln	12
Berlin	21
Frankfurt	15
Hannover	9

[Symbol] steht für jeweils 3 Verkäuferinnen.

Ort	Anzahl
Köln	
Berlin	
Frankfurt	
Hannover	

2 Dauerlauf

a) Veranschauliche die Ergebnisse im Diagramm.

Anzahl der Runden	Anzahl der Schüler
5					
6	ЖЖ ||
7	ЖЖ |||
8				

b) Ergänze die Angaben zur Anzahl der Schüler.

Minimum: 3   Maximum: 8   Spannweite: 5

3 Paul notierte in einer Strichliste die Anzahl der Autos jeder Marke, die vorbeifuhren. Es kamen vier Opel, sieben Volkswagen, drei Mercedes, zwei Fords, fünf Renaults und ein Mazda vorbei.

a) Stelle Pauls Daten in einem Säulendiagramm dar.

b) Ergänze die Angaben zur Anzahl der Autos der Marken.

Minimum: 1   Maximum: 7   Spannweite: 6

Anwenden und Vernetzen

4 In einem Diagramm wurden die Einwohnerzahlen dreier Dörfer dargestellt.

a) Lies die Einwohnerzahlen ab.

Niedermehnen: 6000 Einwohner

Alt Windeck: 5000 Einwohner

Welda: 3000 Einwohner

b) Welches Dorf hat die meisten Einwohner? Begründe deine Antwort mithilfe des Diagramms.

Niedermehnen hat die meisten Einwohner, weil der Balken im Diagramm am weitesten nach rechts reicht.

c) Stimmt es, dass Alt Windeck 2000 Einwohner mehr hat als Welda? Nenne zwei Möglichkeiten, wie man das feststellen kann.

Ja, es stimmt. (1) 5000 Einwohner – 3000 Einwohner = 2000 Einwohner

(2) Der Streifen für Alt Windeck ist 2 cm länger als der für Welda, d. h. dort leben 2000 Einwohner mehr.

d) Berechne, wie viele Einwohner die drei Dörfer insgesamt haben.

6000 + 5000 + 3000 = 14000

Insgesamt leben 14000 Einwohner in den drei Dörfern.

e) Schätze, wie viele Einwohner dein Heimatort hat. Wie bist du vorgegangen?

individuelle Lösung

Runden

▶ **Grundwissen**

- Bei den Ziffern 0; 1; 2; 3; 4 _____ wird abgerundet.
- Bei den Ziffern 5; 6; 7; 8; 9 _____ wird aufgerundet.

Beispiele:
$7\,5\underline{4} \approx 7\,5\,0$
$7\,\underline{5}\,4 \approx 8\,0\,0$

▶ **Auftrag:** Ergänze die Ziffern.

Trainieren

1 Unterstreiche jeweils die Ziffer, anhand derer über auf- bzw. abrunden entschieden wurde.
Hinweis: Unterstreiche mehrere Ziffern, wenn es mehrere Möglichkeiten gibt.

a) $4\underline{2} \approx 40$ b) $45 \approx 50$ c) $41\underline{7} \approx 420$ d) $484 \approx 480$

e) $8\,\underline{8}21 \approx 9000$ f) $4\,\underline{2}61 \approx 4300$ g) $44\,\underline{7}17 \approx 45000$ h) $48\,97\underline{3} \approx 48970$

i) $9\underline{9} \approx 100$ j) $78\,\underline{9}91 \approx 80000$ k) $9989 \approx 9990$ l) $29\,\underline{9}96 \approx 30000$

2 Runde jeweils auf die grün markierte Stelle.

a) $8\underline{2} \approx 80$ b) $7\underline{5} \approx 80$ c) $14\underline{2}7 \approx 1430$ d) $47\underline{8}4 \approx 4780$

e) $81\,\underline{8}31 \approx 81800$ f) $42\,\underline{6}15 \approx 42600$ g) $71\,\underline{7}47 \approx 71700$ h) $48\underline{6}8 \approx 4900$

i) $9\underline{0}9 \approx 900$ j) $\underline{2}892 \approx 3000$ k) $9\underline{9}9 \approx 1000$ l) $49\underline{8}9 \approx 5000$

3 Markiere mit einer Linie, bis zu welchen Räumen man den Fluchtweg A nehmen sollte.

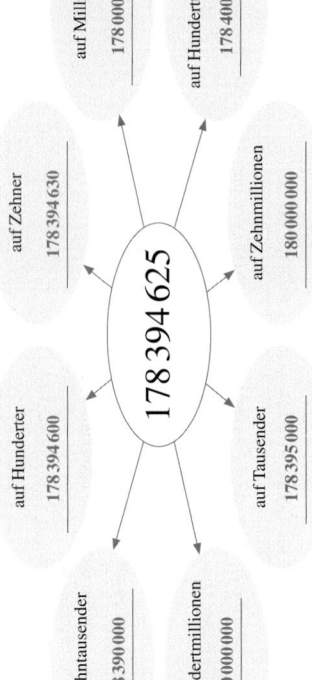

4 Auf welche Stelle wurde gerundet? Kreuze an.

a) $4\,588\,918 \approx 4\,588\,900$ ☐ Zehner ☒ Hunderter ☐ Tausender ☐ Zehntausender ☐ Millionen

b) $4\,588\,918 \approx 4\,589\,000$ ☐ Zehner ☐ Hunderter ☒ Tausender ☐ Zehntausender ☐ Millionen

c) $4\,588\,918 \approx 5\,000\,000$ ☐ Zehner ☐ Hunderter ☐ Tausender ☐ Zehntausender ☒ Millionen

d) $776\,088 \approx 776\,090$ ☒ Zehner ☐ Hunderter ☐ Tausender ☐ Zehntausender ☐ Millionen

e) $89\,324 \approx 90\,000$ ☐ Zehner ☐ Hunderter ☐ Tausender ☒ Zehntausender ☐ Millionen

5 Ergänze die Tabelle.

Runde …	16736	73698	321483	196542
auf Zehntausender	20000	70000	320000	200000
auf Tausender	17000	74000	321000	197000
auf Hunderter	16700	73700	321500	196500
auf Zehner	16740	73700	321480	196540

---

6 Runde …

178 394 625

- auf Zehner: 178 394 630
- auf Hunderter: 178 394 600
- auf Tausender: 178 395 000
- auf Zehntausender: 178 390 000
- auf Hunderttausender: 178 400 000
- auf Millionen: 178 000 000
- auf Zehnmillionen: 1 800 000 00
- auf Hundertmillionen: 200 000 000

Anwenden und Vernetzen

7 Die BRD hat 16 Bundesländer, die unterschiedlich viele Einwohner haben und unterschiedlich groß sind.

a) Ergänze die Tabelle.

	Einwohner am 31. Dezember 2009		Fläche in Quadratkilometern	
	„genau"	gerundet auf Mio.	„genau"	gerundet auf Tausender
Nordrhein-Westfalen	17 872 763	18 000 000	34 088	34 000
Bayern	12 510 331	13 000 000	70 550	71 000
Baden-Württemberg	10 744 921	11 000 000	35 751	36 000
Niedersachsen	7 928 815	8 000 000	47 635	48 000
Hessen	6 061 951	6 000 000	21 115	21 000
Sachsen	4 168 732	4 000 000	18 420	18 000
Rheinland-Pfalz	4 012 675	4 000 000	19 854	20 000
Berlin	3 442 675	3 000 000	892	1 000
Schleswig-Holstein	2 832 027	3 000 000	15 799	16 000
Brandenburg	2 511 525	3 000 000	29 482	29 000
Sachsen-Anhalt	2 356 219	2 000 000	20 449	20 000
Thüringen	2 249 882	2 000 000	16 172	16 000
Hamburg	1 774 224	2 000 000	755	1 000
Mecklenburg-Vorpommern	1 651 216	2 000 000	23 189	23 000
Saarland	1 022 585	1 000 000	2 569	3 000
Bremen	661 716	1 000 000	404	0

b) Schreibe die fünf Bundesländer auf, die die größte Fläche haben. Beginne mit dem größten Bundesland.

Bayern; Niedersachsen; Baden-Württemberg; Nordrhein-Westfalen; Brandenburg

c) Welche Bundesländer haben zusammen etwa so viele Einwohner wie Nordrhein-Westfalen? Nenne ein Beispiel. z.B.

Bayern und Hessen haben zusammen etwa so viele Einwohner wie Nordrhein-Westfalen.

Natürliche Zahlen ordnen, vergleichen und darstellen

▶ Grundwissen

• Die Menge der natürlichen Zahlen wird mit ℕ bezeichnet.   ℕ = {0; 1; 2; 3; 4; 5; ...}

0 1 2 3 4 5 6 7 8 9 10 11 12 13 14 15 16 17 18 19 20 21 22 23 24 25 26 27 28 29 30

• Die kleinste natürliche Zahl ist **0.**

• Alle natürlichen Zahlen außer 0 haben einen **Vorgänger.**

• Alle natürlichen Zahlen haben einen **Nachfolger.**

• Die kleinere Zahl steht am Zahlenstrahl immer links von der größeren.
Der Wert einer Zahl ist abhängig von der Stellung der Ziffern innerhalb der Zahl.

▶ **Auftrag:** Ergänze die Sätze.

Trainieren

1 Vervollständige die Tabelle.

Vorgänger	6	16	106	69	699	98	989	199	999
Zahl	7	17	107	70	700	99	990	200	1000
Nachfolger	8	18	108	71	701	**100**	991	200	1001

2 Schreibe alle Zahlen auf, die dazwischen liegen.

a) Zwischen 7 und 12 liegen   8; 9; 10 und 11.

b) Zwischen 78 und 82 liegen   79; 80 und 81.

c) Zwischen 297 und 301 liegen   298; 299 und 300.

d) Zwischen 998 und 1002 liegen   999; 1000 und 1001.

e) Zwischen 63 und 59 liegen   62; 61 und 60.

f) Zwischen 802 und 798 liegen   801; 800 und 799.

3 Welche Zahlen gehören zu den farbig markierten Stellen?

a) 25 75 150 225 275 325   0 100 200 300

b) 200 600 1200 1800 2400 2800   0 1000 2000

4 Markiere auf dem Zahlenstrahl.

a) 80; 110; 30; 150; 65; 40; 25; 125

25 30 40 65 80 95 110 125 150   0 100

b) 8000; 16000; 14000; 1000; 6000; 11000; 3000

1000 3000 6000 8000 11000 14000 16000   0 10000

5 Vergleiche.

a) 332 > 323   b) 6576 > 564   c) 1857 > 987   d) 305 < 350

e) 278 < 287   f) 476 > 76   g) 9762 = 9762   h) 35329 < 35432

i) 254332 < 254323   j) 496576 > 78564   k) 1857762 > 99987   l) 305999 < 350444

m) 278378 < 287323   n) 476576 > 76576   o) 899762 = 899762   p) 305329 < 350432

6 Welche Ziffern können jeweils für das Sternchen eingesetzt werden, damit wahre Aussagen entstehen?

a) 564 < 5*4   7; 8; 9

b) 987*54 < 987354   0; 1; 2

c) 6214 > 621*   0; 1; 2; 3

d) 1208104 > 1208*04   0

7 Ordne die Zahlen nach der Größe. Beginne mit der kleinsten Zahl.   5203; 235; 523; 2305; 5230; 253; 2053; 5032

235 < 253 < 523 < 2053 < 2305 < 5032 < 5203 < 5230

8 Trage die Zahlen in die Stellenwerttafel ein.

a) sechsundsiebzig Millionen sieben
b) zwanzig Milliarden fünftausend
c) achthundertacht Milliarden achthundert-achttausend
d) sechs Billionen sechzig Millionen sechshunderttausend

Billionen			Milliarden			Millionen			Tausender					
H	Z	E	H	Z	E	H	Z	E	H	Z	E	H	Z	E
							7	6	0	0	0	0	0	7
				2	0	0	0	0	0	0	5	0	0	0
			8	0	8	0	0	0	8	0	8	0	0	0
		6	0	0	0	0	6	0	6	0	0	0	0	0

Anwenden und Vernetzen

UNSER SONNENSYSTEM

9 Die Sonne hat einen Durchmesser von 1 392 000 km. Die Durchmesser der Planeten unseres Sonnensystems liegen zwischen 143 000 km (Jupiter) und 4 900 km (Merkur). Die Venus ist ungefähr so groß wie die Erde (12 800 km). Der Durchmesser des größten Jupitermondes beträgt 5 280 km, der des Erdmondes 3 470 km.

a) Trage die im Text genannten Zahlen in die Stellenwerttafel ein.

Millionen			Tausender					
H	Z	E	H	Z	E	H	Z	E
		1	3	9	2	0	0	0
			1	4	3	0	0	0
					4	9	0	0
				1	2	8	0	0
					5	2	8	0
					3	4	7	0

b) Ordne die Himmelskörper nach der Größe. Schreibe die Zahlen in Worten.

Erdmond   dreitausendvierhundertsiebzig   Kilometer

Merkur   viertausendneunhundert   Kilometer

größter Jupitermond   fünftausendzweihundertachtzig   Kilometer

Erde   zwölftausendachthundert   Kilometer

Jupiter   einhundertdreiundvierzigtausend   Kilometer

Sonne   eine Million dreihundertzweiundneunzigtausend   Kilometer

10 Wahr oder falsch? Überlege dir ein Beispiel oder ein Gegenbeispiel.

a) Es gibt eine fünfstellige Zahl, deren Vorgänger vierstellig ist.   9999 ist Vorgänger von 10000.   ☒ wahr   ☐ falsch

b) Die kleinste vierstellige Zahl, die mit den Ziffern 1; 5; 2 und 9 gebildet werden kann, wenn keine Ziffer mehrmals verwendet wird, ist 1529.   1259 ist die kleinste Zahl.   ☐ wahr   ☒ falsch

Masse

▶ Grundwissen

Einheiten	Umrechnung
Tonne (t)	1 t = 1000 kg = 1000000 g = 1000000000 ___ mg
Kilogramm (kg)	1 kg = 1000 g = 1000000 ___ mg
Gramm (g)	1 g = 1000 mg
Milligramm (mg)	

Beim Umrechnen von Einheiten der Masse in die nächstkleinere Einheit wird mit 1000 multipliziert.

▶ Auftrag: Ergänze.

Trainieren

1 In welcher Einheit sollte man jeweils die Masse der Tiere angeben?

a) Katze: Kilogramm   b) Hund: Kilogramm

c) Hamster: Gramm   d) Elefant: Tonne

e) Mücke: Milligramm   f) Maus: Gramm

g) Meise: Gramm   h) Wildschwein: Kilogramm

2 Rechne jeweils in die nächstkleinere Einheit um.

a) 8 t = 8000 kg   b) 50 g = 50000 mg   c) 7 kg = 7000 g

d) 300 kg = 300000 g   e) 70 t = 70000 kg   f) 25 g = 25000 mg

g) 300 g = 300000 mg   h) 70 g = 70000 mg   i) 400 kg = 400000 g

3 Rechne jeweils in die nächstgrößere Einheit um.

a) 2000 kg = 2 t   b) 5000 g = 5 kg   c) 8000 mg = 8 g

d) 8000 g = 8 kg   e) 9000 mg = 9 g   f) 10000 kg = 10 t

g) 17000 kg = 17 t   h) 78000 mg = 78 g   i) 250000 g = 250 kg

4 Was ist gleich schwer?
Markiere dies jeweils mit einer Farbe.

0,62 kg A	6200 kg B	6,2 kg C	620 kg D
0,62 t D	6,2 t B	6200000 mg C	620000 mg A
6200 g C	6200000 g B	620 g A	620000 g D

---

5 Gib das Ergebnis jeweils in den gegebenen Einheiten an.

a) 120 kg + 800 g = 120800 kg = 120800 g   b) 77 t + 500 kg = 77,500 t = 77500 kg

c) 1,5 kg + 250 g = 1,750 kg = 1750 g   d) 80 g + 75 mg = 80,075 g = 80075 mg

6 Ordne die Massen nach der Größe. Beginne mit dem kleinsten Wert.

a) 7 kg; 107 kg; 0,7 kg; 17 kg; 7 kg 100 g

0,7 kg < 7 kg < 7 kg 100 g < 17 kg < 107 kg

b) 333 g; 33 g 3 mg; 3 g 33 mg; 30 g 33 mg

3 g 33 mg < 30 g 33 mg < 33 g 3 mg < 333 g

c) 54 t 540 kg; 45450 kg; 451 540 g; 54 t 54 kg

45450 kg < 451 540 kg < 54 t 54 kg < 54 t 540 kg

Anwenden und Vernetzen

7 Begründe, warum nur eine der beiden Zeichnungen nicht richtig ist.

linke Seite: 1700 g   rechte Seite: 1500 g

linke Seite: 500 g   rechte Seite: 500 g

Die erste Waage kann nicht im Gleichgewicht sein. Die zweite Waage ist im Gleichgewicht.

8 Die Masse eines Körpers wird durch den Vergleich mit Standardmassen bestimmt. Diese nennt man Wägestücke.

a) Gib jeweils an, welche der abgebildeten Wägestücke auf die rechte Seite der Waage zu legen sind, damit auf beiden Seiten die gleichen Massen liegen.

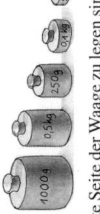

rechte Seite: 0,1 kg; 0,5 kg; 1000 g

rechte Seite: 50 g; 0,1 kg; 250 g; 0,5 kg

b) Ermittle die größte Masse, die mit den abgebildeten Wägestücken gemessen werde kann.

1000 g + 0,5 kg + 250 g + 0,1 kg + 50 g = 1900 g = 1,9 kg

1,9 kg ist die größte Masse.

c) Könnte man alle abgebilceten Wägestücke so auf die Waage verteilen, dass diese im Gleichgewicht ist? Zusätzliche Hilfsmittel stehen dabei nicht zur Verfügung.

1900 : 2 = 950   1000 > 950 g

Nein, da dass 1000-g-Stück zu verwenden ist, gibt es keine Möglichkeit 950 g auf jede Seite zu legen.

Geld

Preise zum Ergänzen:
	1 €
	2 €
	20 €
	100 €
	1000 €

▶ **Grundwissen**

• 1 € = 100 ct

• Bei Geldbeträgen in Kommaschreibweise stehen vor dem Komma die Euros, _____
nach dem Komma die Cents.

▶ Auftrag: Ergänze den Satz.

5 Ergänze jeweils einen möglichen Preis.

a) Eine Kugel Eis kostet etwa 1 €.

b) Ein Brötchen kostet weniger als 1 €.

c) Ein Schulbuch kostet etwa 20 €.

d) Ein neues Fahrrad kostet über 100 €.

e) 1 kg Äpfel kostet etwa 2 €.

f) Ein gebrauchtes Auto kostet über 1000 €.

6 Gib die Beträge mit möglichst wenigen Geldscheinen und Münzen an.
Hinweis zur Schreibweise: 3 € = 2 € + 1 €

a) 8 ct = 5 ct + 2 ct + 1 ct

b) 60 ct = 50 ct + 10 ct

c) 90 ct = 50 ct + 20 ct + 20 ct

d) 9 € = 5 € + 2 € + 2 €

e) 70 € = 50 € + 20 €

f) 111 € = 100 € + 10 € + 1 €

g) 7,20 € = 5 € + 2 € + 20 ct

h) 6,05 € = 5 € + 1 € + 5 ct

i) 10,25 € = 10 € + 20 ct + 5 ct

j) 600 ct = 5 € + 1 €

k) 260 ct = 2 € + 50 ct + 10 ct

l) 1000 ct = 10 €

7 Ordne nach der Größe. Beginne mit dem kleinsten Wert.

a) 3 €; 333 ct; 33 €; 33,33 €; 3 € 3 ct   3 € < 3 € 3 ct < 333 ct < 33 € < 33,33 €

b) 0,72 €; 27 ct; 0 € 7 ct; 0,77 €; 0,7 €   0 € 7 ct < 27 ct < 0,7 € < 0,72 € < 0,77 €

Anwenden und Vernetzen

8 Wie viel Wechselgeld bekommst du, wenn jeweils nur das abgebildete Geld zur Verfügung steht?

384,90 €   11,95 €   6,99 €   0,69 €

115,10 €   38,05 €   3,01 €   1,31 €

9 Petra hat in ihrem Einkaufswagen Käse für 3,70 €, Marmelade für 70 Cent, ein Paket Milch zu 60 Cent, eine Ananas zu 2,99 € und Pilze für 1,40 €. Kann sie den Einkauf mit einem 10-Euro-Schein bezahlen?

3,70 € + 0,70 € + 0,60 € = 5,00 € ; 5,00 € + 2,99 € + 1,40 € = 9,39 €

Der 10-Euro-Schein wird für den Einkauf reichen.

10 Welche Kartoffeln sind am teuersten?

Ⓐ 1 kg kostet 5 €.   Ⓓ 1 kg kostet 4 €.

Ⓑ 1 kg kostet 3,60 €.   Ⓔ 1 kg kostet 6 €.

Ⓒ 1 kg kostet 5,20 €.   Ⓕ 1 kg kostet 5,60 €.

Die Sorte Ⓔ ist am teuersten.

Trainieren

1 Wandle um.

Euro	2 €	11 €	10 €	0,20 €	0,01 €	1,10 €	4,05 €	0,99 €
Cent	200 ct	1100 ct	1000 ct	20 ct	1 ct	110 ct	405 ct	99 ct

2 Wahr oder falsch?

Euro	1 €	2,25 €	2 €	0,33 €	10 € 34 ct	5,55 €	200 €
Cent	100 ct	255 ct	20 ct	33 ct	10340 ct	555 ct	2 ct
	wahr	falsch	falsch	wahr	falsch	wahr	falsch

3 Wandle jeweils in die gegebene Einheit um.

a) 50,50 € = 5050 _____ ct

b) 77890 ct = 778,90 _____ €

c) 10 € 88 ct = 10,88 _____ €

d) 70 € 5 ct = 70,05 _____ €

e) 80 € 2 ct = 8002 _____ ct

f) 9090909 ct = 90909,09 _____ €

4 Ergänze.

a) Der Wert aller abgebildeten Münzen beträgt insgesamt 5,79 _____ Euro. Das sind 579 _____ Cent.

b) Die gegebenen Beträge könnte man mit diesen Münzen wie folgt auszahlen.

z.B.

2,00 €
1. 2 €
2. 1 € + 1 €

2 € 50 ct
1. 2 € + 50 ct
2. 1 € + 1 € + 50 ct

0,65 €
1. 50 ct + 10 ct + 5 ct
2. 20 ct + 20 ct + 10 ct + 10 ct + 5 ct

1,09 €
1. 1 € + 5 ct + 2 ct + 2 ct
2. 50 ct + 50 ct + 5 ct + 2 ct + 2 ct

19 ct
1. 10 ct + 5 ct + 2 ct + 2 ct
2. 5 ct + 5 ct + 5 ct + 2 ct + 2 ct

Länge

▶ **Grundwissen**

Einheiten	**Umrechnung**
Kilometer (km)	1 km = 1 000 m = 10 000 dm = 100 000 cm = 1 000 000 mm
Meter (m)	1 m = 10 dm = 100 cm = 1000 mm
Dezimeter (dm)	1 dm = 10 cm = 100 mm
Zentimeter (cm)	1 cm = 10 mm
Millimeter (mm)	

Beim Umrechnen von Längeneinheiten in eine kleinere Einheit wird der Zahlenwert ___größer___.

▶ Auftrag: Ergänze.

Trainieren

1 Streiche die Längenangaben durch, die zu keiner Linie passen.

1 dm 7 cm; 170 mm; ~~17 mm~~; 1,1 cm; 110 mm; 0,11 m; ~~0,11 dm~~; ~~11 km~~; 75 mm; ~~75 cm~~

2 Rechne in die nächstkleinere Einheit um.
a) 6 cm = 60 mm
b) 12 m = 120 dm
c) 4 dm = 40 cm
d) 7 km = 7000 m
e) 12 cm = 120 mm
f) 37 m = 370 dm

3 Rechne in die nächstgrößere Einheit um.
a) 40 mm = 4 cm
b) 80 dm = 8 m
c) 120 dm = 12 m
d) 600 cm = 60 dm
e) 40000 m = 40 km
f) 1700 mm = 170 cm

4 Ergänze jeweils den fehlenden Zahlenwert oder die Einheit.
a) 23 cm = 230 ___ mm
b) 78 m = 7800 ___ cm
c) 40 km = 40000 ___ m
d) 5000 mm = 5 ___ m
e) 2400 cm = 24000 ___ mm
f) 3700 cm = 370 dm
g) 900 m = 90000 ___ cm
h) 1200 cm = 12000 ___ mm
i) 7600 cm = 76 ___ m

Längen zum Ergänzen:
28 mm
38 mm
90 cm
210 mm
18 m
320 m
15 mm
21 dm

5 Ergänze jeweils mögliche Längen.
a) Breite einer Tür: 90 cm
b) Höhe einer Tür: 21 dm
c) Länge einer Tintenpatrone: 38 mm
d) Dicke eines Buches: 28 mm
e) Länge eines Güterzuges: 320 m
f) Länge eines Lkws: 18 m
g) Breite eines Daumens: 15 mm
h) Breite einer DIN-A4-Seite: 210 mm

6 Ordne nach der Größe. Beginne mit der kleinsten Länge.
a) 485 mm; 32 cm; 2 m; 1100 mm; 8 cm; 91 mm; 310 cm
8 cm < 91 mm < 32 cm < 485 mm < 1100 mm < 2 m < 310 cm
b) 0,85 m; 780 mm; 73 cm; 1,02 m; 120 cm; 1002 mm; 805 mm
73 cm < 780 mm < 805 mm < 0,85 m < 1002 mm < 1,02 m < 120 cm
c) 2,5 km; 2050 m; 25 km; 2,025 km; 2005 m; 0,25 km; 20500 m
0,25 km < 2005 m < 2,025 km < 2050 m < 2,5 km < 20500 m

Anwenden und Vernetzen

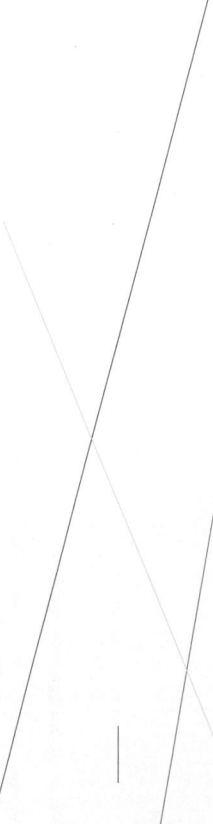

7 Tim hat ein Fahrrad mit einem Radumfang von etwa 2 m. Während der Fahrt von der Schule nach Hause hat sich das Vorderrad 900-mal gedreht. Wie lang ist Tims Schulweg?
2 m · 900 = 1800 m
Der Schulweg ist etwa 1800 m (1,8 km) lang.

8 Schätze zuerst die Länge der abgebildeten Strecke. Miss danach mit einem Lineal nach.

z.B.
Schätzwert: ca. 10 cm   Messwert: 12,5 cm

9 Schätze zuerst, welche die kürzeste Verbindung vom Anfang A zum Ziel Z ist. Ermittle danach die Länge der Verbindung.

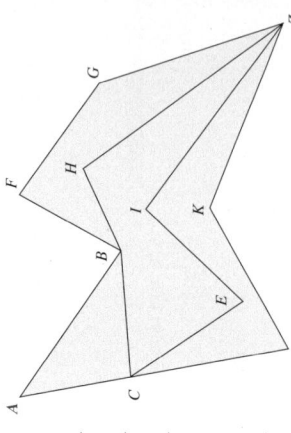

Längen der Teilstrecken:
$\overline{AB}$: 3,5 cm = 35 mm
$\overline{BH}$: 1,8 cm = 18 mm
$\overline{HZ}$: 4,9 cm = 49 mm

Länge der Verbindung:
35 mm + 18 mm + 49 mm = 102 mm = 10,2 cm = 1,02 dm

Zeit

▲ Grundwissen

Einheiten	Umrechnung	
Tag (d)	1 d = 24 h	
Stunde (h)	1 h = 60 min	= 1440 ___ min
Minute (min)	1 min = 60 s	= 3600 ___ s
Sekunde (s)		

Ein Jahr hat __12__ Monate. Ein Monat hat __28 bis 31__ Tage. Jede Woche hat __7__ Tage.

▶ Auftrag: Ergänze.

Trainieren

1 Wandle in die nächstkleinere Einheit um.

a) 2 d = __48__ h   b) 2 h = __120__ min   c) 2 min = __120__ s
d) 5 d = __120__ h   e) 5 h = __300__ min   f) 5 min = __300__ s
g) 12 h = __720__ min   h) 50 min = __3000__ s   i) 3 d = __72__ h
j) 4 Wochen = __28__ d   k) 8 h = __480__ min   l) 6 Wochen = __42__ d
m) 15 min = __900__ s   n) 10 d = __240__ h   o) 6 min = __360__ s

2 Wandle in die nächstgrößere Einheit um.

a) 240 h = __10__ d   b) 240 min = __4__ h   c) 240 s = __4__ min
d) 96 h = __4__ d   e) 300 min = __5__ h   f) 180 s = __3__ min
g) 30 min = __0,5__ h   h) 96 min = _____   i) 28 d = __4__ Wochen
j) 480 s = __8__ min   k) 120 min = __2__ h   l) 180 min = __3__ h
m) 120 h = __5__ d   n) 120 s = __2__ min   o) 48 h = __2__ d

3 Ergänze den Satz.

Ein Jahr (das kein Schaltjahr ist) hat __52__ Wochen und __365__ Tage.

4 Gib die Zeitspannen in den gegebenen Einheiten an.

a) Vom 3. Mai um 12:00 Uhr bis zum 3. Mai um 17:00 Uhr sind es __5__ h.
b) Vom 2. Mai um 12:00 Uhr bis zum 3. Mai um 17:00 Uhr sind es __29__ h.
c) Vom 3. Mai um 15:00 Uhr bis zum 15. Mai um 21:00 Uhr sind es __12__ d __6__ h.
d) Vom 3. Mai um 12:00 Uhr bis zum 5. Mai um 13:30 Uhr sind es __2__ d __90__ min.
e) Vom 3. Mai um 12:44 Uhr bis zum 5. Mai um 12:56 Uhr sind es __48__ h __12__ min.

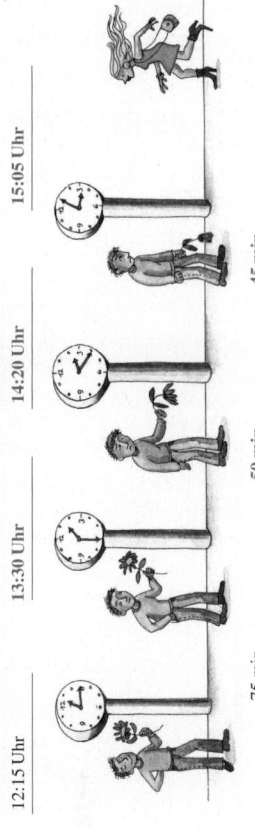

---

5 Der erste Bus fährt um 5:10 Uhr vom Bahnhof zur Vorstadt. Er wartet dort zwei Minuten und fährt dann dieselbe Strecke zum Bahnhof zurück. Die Busse fahren im Abstand von 30 min.
Vervollständige den Fahrplan für die Buslinie vom Bahnhof zur Vorstadt und zurück.

		Tour A	Tour B	Tour C
Bahnhof		5.10	5.40	6.10
	1 min			
Goethestraße		5.11	5.41	6.11
	2 min			
Rathaus		5.13	5.43	6.13
	2 min			
Stadtpark		5.15	5.45	6.15
	1 min			
Rosenstraße		5.16	5.46	6.16
	6 min			
Vorstadt		5.22	5.52	6.22

		Tour A	Tour B	Tour C
Vorstadt		5.24	5.54	6.24	↑
Rosenstraße		5.30	6.00	6.30	↑
Stadtpark		5.31	6.01	6.31	↑
Rathaus		5.33	6.03	6.33	↑
Goethestraße		5.35	6.05	6.35	↑
Bahnhof		5.36	6.06	6.36	↑

6 Ordne jeder Tätigkeit die entsprechende Zeitspanne zu. 45 min; 5 s; 52 Wochen; 2 s; 14 d; 4 min; 15 min; 1 h; 70 min
z. B.

a) 4 km wandern: __1 h__   b) Nagel einschlagen: __5 s__   c) CD abspielen: __70 min__
d) Reis kochen: __15 min__   e) Datum aufschreiben: __2 s__   f) Zähne putzen: __4 min__
g) Ferien: __14 d__   h) Jahr: __52 Wochen__   i) Unterrichtsstunde: __45 min__

Anwenden und Vernetzen

7 Damit die Reparaturarbeiten an der Bahnlinie 5 schneller gehen, wird ab dem 25. Juli bis zum 4. August jeweils in den Nächten ab 23:00 Uhr bis 4:45 Uhr ein eingleisiger Bahnverkehr eingerichtet.
Gib die Zeitdauer an, in der der Stellwerksleiter mit Verzögerungen im Verkehr rechnet.
Gib mindestens zwei verschiedenartige Möglichkeiten an.
z. B.

• Von 23:00 Uhr bis 4:45 Uhr sind es jeweils 5 h 45 min (345 min).

• Vom 25. Juli bis zum 4. August sind es 10 Nächte.

• Insgesamt: 10 · 345 min = 3450 min   3450 min : 60 = 57,5 h   57,5 h = 57 h 30 min = 2 d 9 h 30 min

8 Ergänze die Zeitpunkte (oben) sowie die Zeitspannen (unten). Überlege dir eine kurze Geschichte zu den Bildern.
Hinweis: Schreibe die kurze Geschichte zu den Bildern auf ein zusätzliches Blatt.

12:15 Uhr	13:30 Uhr	14:20 Uhr	15:05 Uhr
75 min	50 min	45 min	45 min

Addieren und subtrahieren

Im Kopf addieren und subtrahieren

▶ **Grundwissen**

• Addieren bedeutet so viel wie zusammenzählen, hinzufügen, vermehren, …

Beispiel: $3\,\text{m}\ +\ 2\,\text{m}\ =\ 5\,\text{m}$
            Summand   Summand   Summe
                  Summe

• Subtrahieren bedeutet so viel wie abziehen, Unterschied berechnen, …

Beispiel: $5\,\text{m}\ -\ 2\,\text{m}\ =\ 3\,\text{m}$
            Minuend   Subtrahend   Differenz
                  Differenz

▶ **Auftrag:** Trage folgende Begriffe an den richtigen Stellen ein:
zusammenzählen; abziehen; Unterschied berechnen; hinzufügen; vermehren.

_____

_____

Trainieren

1 Schreibe die Rechenausdrücke auf und berechne.

a) Addiere 3 zu 45. $3+45=48$ b) Füge 8 zu 51 hinzu. $8+51=59$

c) Subtrahiere 2 von 50. $50-2=48$ d) Ziehe 5 von 46 ab. $46-5=41$

2 Addiere.

a) $7+40=\underline{47}$ b) $66+12=\underline{78}$ c) $61+400=\underline{461}$ d) $97+5=\underline{102}$

e) $30+80=\underline{110}$ f) $60+77=\underline{137}$ g) $80+99=\underline{179}$ h) $60+91=\underline{151}$

3 Subtrahiere.

a) $75-4=\underline{71}$ b) $12-8=\underline{4}$ c) $65-40=\underline{25}$ d) $80-79=\underline{1}$

e) $45-45=\underline{0}$ f) $80-9=\underline{71}$ g) $610-40=\underline{570}$ h) $660-1=\underline{659}$

4 Setze passende Rechenzeichen ein.

a) $40\boxed{+}80\boxed{+}20=140$ b) $77\boxed{-}27\boxed{-}30=20$ c) $100\boxed{-}80\boxed{-}19=1$ d) $45\boxed{+}45\boxed{+}3=93$

e) $23\boxed{+}50\boxed{-}13=60$ f) $75\boxed{+}80\boxed{-}20=135$ g) $210\boxed{-}40\boxed{+}15=185$ h) $66\boxed{+}77\boxed{-}55=88$

5 Ergänze.

a)

+	60	120	301	417
78	138	198	379	495
117	177	237	418	534
152	212	272	453	569

b)

−	70	170	302	429
433	363	263	131	4
516	446	346	214	87
598	528	428	296	169

6 Ergänze die fehlenden Zahlen in den Additionsmauern.

a)

		65	
	32		33
15		17		16
6	9	8	8
4	2	7	1	7

b)

		52	
	23		29
11		12		17
7	4	8	9
4	3	1	7	2

c)

		1131	
	988		143
911		77		66
878	33	44	22
874	4	29	15	7

d)

		106	
	47		59
19		28		31
7	12	16	15
4	3	9	7	8

Anwenden und Vernetzen

7 Auf der Karte stehen Entfernungen zwischen Orten.

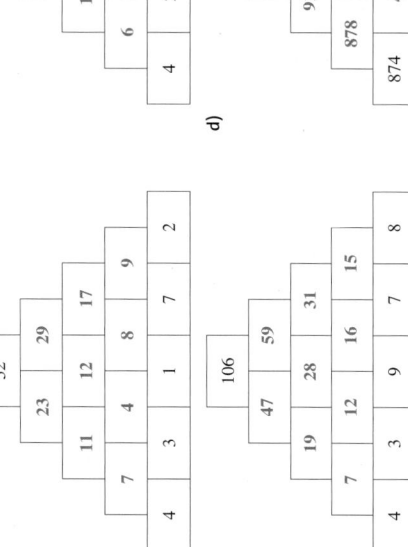

a) Wahr oder falsch?

Von Köln nach Frankfurt/M. sind es etwa 183 km.

wahr $(95+88=183)$

Von Köln nach Hannover sind es etwa 287 km.

wahr $(64+15+8+113+87=287)$

Von Köln nach Emmerich sind es etwa 235 km.

falsch $(51+68=119)$

Von Köln nach Giessen sind es etwa 227 km.

wahr $(64+163=227)$

Von Trier nach Aachen sind es etwa 257 km.

wahr $(100+102+55=257)$

Von Bremen nach Münster sind es etwa 568 km.

falsch $(58+71+52=181)$

b) Finde die kürzeste Route von Hamburg nach München.
Zeichne diese auf der Karte farbig nach.
Hinweis: Notiere Zwischenergebnisse auf einem
zusätzlichen Blatt.   (Es sind rund 770 km.)

c) Familie Schulz fährt von Flensburg nach Lindau.
In Flensburg sind noch 15 l Benzin im Tank.
Dieser fasst insgesamt 50 l. Auf 100 km verbraucht ihr Auto 9 l Benzin.
Wie oft werden sie auf dem Weg mindestens tanken?

Sie werden mindestens zweimal tanken. Von Flensburg bis Lindau sind es rund 1000 km (966 km).

Für diese Strecke benötigt das Auto etwa 90 l Benzin. 15 l + 50 l < 90 l < 15 l + 50 l + 50 l

Rechenvorteile und Rechengesetze

▶ Grundwissen

- Kommutativgesetz: In einer Summe dürfen die Summanden vertauscht werden.
- Assoziativgesetz: In einer Summe dürfen die Summanden beliebig mit Klammern zusammengefasst werden.
- Vorrangregel: Was in Klammern steht, wird zuerst berechnet.

Beispiele:

$15 + 97 = $ ___ $97 + 15$ $= 112$

$17 + 44 + 56 = 17 + (44 + 56)$ $= 117$

$65 - (4 + 36) = $ ___ $65 - 40$ $= 25$

▶ Auftrag: Ergänze die Beispiele.

Trainieren

1 Rechne.

a) $48 + 152 = $ _200_
b) $75 + 45 = $ _120_
c) $194 + 483 = $ _677_
d) $655 + 748 = $ _1403_

e) $58 + 752 = $ _810_
f) $475 + 1425 = $ _1900_
g) $1904 + 483 = $ _2387_
h) $65 + 7438 = $ _7503_

2 Rechne vorteilhaft.

a) $458 + 14 + 52 = $ _524_
b) $7 + 45 + 45 = $ _97_
c) $19 + 74 + 46 = $ _139_
d) $62 + 55 + 728 = $ _845_

e) $58 + 75 + 22 = $ _155_
f) $775 + 14 + 25 = $ _814_
g) $81 + 904 + 405 = $ _1390_
h) $650 + 74 + 380 = $ _1104_

3 Schreibe jeweils das Ergebnis hinter den der vier Ausdrücke, den du am schnellsten berechnen kannst.

a) $(781 + 55) + 19 = $ ___
b) $(19 + 55) + 781 = $ ___
c) $(781 + 19) + 55 = $ _855_
d) $(55 + 19) + 781 = $ ___

e) $(653 + 78) + 47 = $ ___
f) $(47 + 653) + 78 = $ _778_
g) $(78 + 47) + 653 = $ ___
h) $(78 + 653) + 47 = $ ___

i) $(7581 + 409) + 11 = $ _8001_
j) $(11 + 7581) + 409 = $ ___
k) $409 + 11 + 7581 = $ ___
l) $7581 + 11 + 409 = $ ___

4 Rechne möglichst vorteilhaft. Die Summanden dürfen vertauscht und zusammengefasst werden.

a) $205 + 111 + 47 + 119 + 113 = $ _$205 + (111 + 119) + (47 + 113) = 205 + 230 + 160 = 595$_

b) $333 + 444 + 555 + 666 + 777 = $ _$(333 + 777) + (444 + 666) + 555 = 1110 + 1110 + 555 = 2775$_

c) $1112 + 376 + 19 + 188 + 124 = $ _$(1112 + 188) + (376 + 124) + 19 = 1300 + 500 + 19 = 1819$_

d) $21 + 22 + 23 + 24 + 25 + 26 + 27 + 28 + 29 = $ _$(21 + 29) + (22 + 28) + (23 + 27) + (24 + 26) + 25 = 50 + 50 + 50 + 50 + 25 = 225$_

5 In den magischen Vierecken soll die Summe der Zahlen in den Zeilen, Spalten und Diagonalen jeweils gleich sein. Ergänze entsprechend.

a)

16	22	10	20
26	4	32	6
24	14	18	12
2	28	8	30

b)

3	42	45	12
36	21	18	27
24	33	30	15
39	6	9	48

6 Ergänze zuerst die Rechenbäume. Schreibe danach die Aufgabe mit Klammern auf.

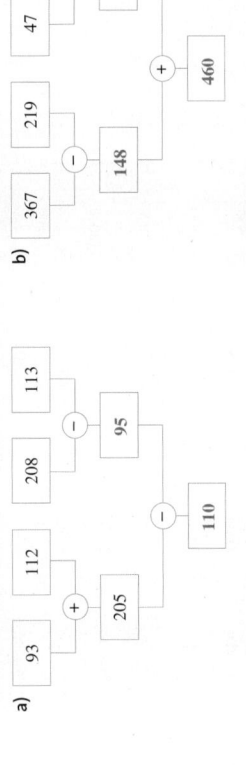

a) (Rechenbaum: 93 112 208 113; 205; 95; 110)

$(93 + 112) - (208 - 113) = 110$

b) (Rechenbaum: 367 219 47 265; 148; 312; 460)

$(376 - 219) + (47 + 265) = 460$

7 Berechne.

a) $(90 + 12) - (71 + 25)$ $= 102 - 96 = 6$
b) $(51 + 19) - (18 + 12) = 70 - 30 = 40$

c) $(128 + 43) - (365 - 199) = 171 - 166 = 5$
d) $(99 - 11) - (22 + 44) = 88 - 66 = 22$

8 Setze die fehlenden Klammern und ergänze die Rechnungen.

a) $(75 + 46) - (16 + 103) + (42 + 7)$ $= 121 - 119 + 49$ $= 51$

b) $(1600 - 800) + (300 + 100) - (6400 - 5850) = 800 + 400 - 550 = 650$

c) $311 - (12 + 3 + 8) - (78 - 32) = 311 - 23 - 46 = 242$

Anwenden und Vernetzen

9 Zahlenrätsel

a) Schreibe jeweils die Lösung in das Feld mit dem entsprechenden Buchstaben.

A: 15 vermindert um 8 B: 8 vermehrt um 9
C: Differenz von A und B D: Summe von A und B
E: Vorgänger von D F: Nachfolger von D

16	A 7	33	44
B 17	13	50	C 10
34	22	D 24	15
E 23	47	12	F 25

b) Addiere im Kopf die Zahlen jeder Spalte und jeder Zeile. Rechne vorteilhaft.

Zeile 1: _100_ Zeile 2: _90_ Zeile 3: _95_ Zeile 4: _107_

Spalte 1: _90_ Spalte 2: _89_ Spalte 3: _119_ Spalte 4: _94_

c) Wenn alle Zahlen aus dem ausgefüllten Zahlenquadrat von 500 subtrahiert werden, ist das Ergebnis _108_.

10 Drei Ziffern

a) Bilde mit den Ziffern alle möglichen dreistelligen Zahlen. Keine der Ziffern darf in einer Zahl zweimal vorkommen.
Hinweis: Schreibe die Ziffern auf Zettel und lege damit die Zahlen.

[1] [3] [5]

153; 135; 315; 351; 513; 531

b) Ermittle die Summe aller dreistelligen Zahlen aus Teilaufgabe a.

$153 + 135 + 315 + 351 + 513 + 531 = 1800 + 180 + 18 = 1998$

Schriftlich addieren und subtrahieren

▶ **Grundwissen**

Bei der schriftlichen Addition und Subtraktion ist zu beachten, dass
• alle Zahlen __stellengerecht__ untereinander geschrieben werden,
• __rechts__ mit dem Addieren bzw. Subtrahieren begonnen wird und
• der Übertrag jeweils in die __nächste__ Spalte geschrieben wird.

Mithilfe eines Überschlags sollte man prüfen, ob __das Ergebnis stimmen kann.__

Beispiele:

Überschlag: 500 + 90 = 590
```
    5 3 1
  +   8 7
    1
    6 1 8
```

Überschlag: 240 − 140 = 100
```
    2 4 0   − 1 4 0 = 1 0 0
    2 3 9
  − 1 4 3
      1
      9 6
```

▶ **Auftrag:** Ergänze den Text.

Trainieren

1 Überschlage zuerst. Addiere danach schriftlich.

a) 7000 + 1000 = 8000
```
    7 1 3 7
  +   8 4 1
    1 1 1
    7 9 7 8
```

b) 5000 + 7000 = 12000
```
    5 4 8 9
  + 6 7 5 2
    1 1 1 1
  1 2 2 4 1
```

c) 40000 + 60000 = 100000
```
    4 0 9 2 3
  + 5 9 2 5 0
      1 1 1
  1 0 0 1 7 3
```

2 Überschlage zuerst. Subtrahiere danach schriftlich.

a) 9000 − 8000 = 1000
```
    9 2 5 9
  − 8 1 0 4
      1
    1 1 5 5
```

b) 9000 − 5000 = 4000
```
    9 0 0 3
  − 4 9 0 4
      1 1 1
    4 0 9 9
```

c) 80000 − 70000 = 10000
```
    7 7 0 6 3
  − 6 9 0 1 4
        1 1
    8 0 4 9
```

3 Schreibe jeweils zuerst das Ergebnis des Überschlags auf. Rechne danach schriftlich.

a) 26000
```
    8 9 7 3
  + 8 2 8 2
  + 8 8 1 0
      2 2 1
  2 6 0 6 5
```

b) 14000
```
    7 8 8 6
  + 5 0 2 1
  + 1 1 8 9
      1 1 1
  1 4 0 9 6
```

c) 15000
```
    8 9 9 2
  + 5 2 3 0
  + 1 4 2 3
      1 1 1
  1 5 6 4 5
```

d) 7000
```
    3 6 4 5
  +   8 2 9
  + 1 9 5 7
      2 1 2
    6 4 3 1
```

4 Schreibe jeweils zuerst das Ergebnis des Überschlags auf. Rechne danach schriftlich.

a) 700
```
    1 1 0 5
  −   2 6 6
  −   1 1 3
      1 1 1
      7 2 6
```

b) 6600
```
    7 5 4 4
  −   7 8 9
  − 1 1 1 9
      1 1 2
    6 6 3 6
```

c) 900
```
    1 9 9 9
  −     8 7
  − 1 0 1 3
      1 1 1
      8 9 9
```

d) 400
```
    7 7 9
  −     9
  − 3 7 7
    1 1
    3 9 3
```

5 Subtrahiere zuerst schriftlich. Überprüfe danach das Ergebnis durch Addieren.

```
    2 5 7 8 €      Probe:   2 3 7 1 €
  − 1 2 1 €              +    8 6 €
  −   8 6 €              + 1 2 1 €
      1                        1
  2 3 7 1 €              2 5 7 8 €
```

Anwenden und Vernetzen

6 Rechne schriftlich. Überschlage im Kopf und vergleiche mit deinem Ergebnis.

a) Eine Zahnradbahn fährt von der Talstation (712 m über dem Meeresspiegel) zum Zugspitzplatt (2601 m über dem Meeresspiegel). Berechne den Höhenunterschied.

Der Höhenunterschied beträgt __1889__ m.

```
    2 6 0 1
  − 1 7 1 2
      1 1 1
    1 8 8 9
```

b) Die erste technisch nutzbare Glühbirne wurde von Edison im Jahr 1879 erfunden. Vor wie vielen Jahren war das?

Es war vor _____ Jahren.

```
z. B. 2 0 1 5
    − 1 8 7 9
      1 1 1
        1 3 6
```

c) Eine Bibliothek hat bereits 47530 Bücher. Es sollen 8747 Bücher dazu gekauft werden. Wie viele Bücher sind es danach?

Danach sind es __56277__ Bücher.

```
    4 7 5 3 0
  +   8 7 4 7
      1 1
    5 6 2 7 7
```

7 Veranschauliche zuerst rechts in einem Säulendiagramm, wie viele Besucher pro Woche im Erlebnisbad waren. Ergänze danach in der Tabelle unten die Summen.

	Kinder, Jugendliche	Erwachsene
1. Woche	2025	1678
2. Woche	2130	1817
3. Woche	2670	1923
4. Woche	2978	1861
5. Woche	3972	1732
6. Woche	4179	1210
Summe:	17954	10221

Säulendiagramm: Achse "▲ Besucher" mit Werten 1000, 2000, 3000, 4000, 5000; x-Achse: 1., 2., 3., 4., 5., 6. Woche.

Gerade, Parallele, Senkrechte

▶ **Grundwissen**

- Eine gerade Linie mit Anfangspunkt und ohne Endpunkt nennt man Strahl.
- Eine gerade Linie mit Anfangspunkt und mit Endpunkt nennt man Strecke.
- Eine gerade Linie ohne Anfangspunkt und ohne Endpunkt nennt man Gerade.

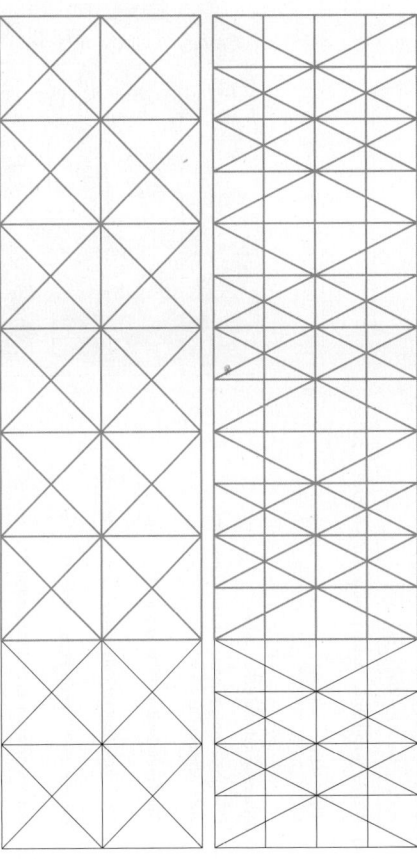

Die Geraden g und h

schneiden _____
einander.

Die Geraden i und k

sind senkrecht (ortho-
gonal) zueinander ($i \perp k$).

Die Geraden o und p

sind parallel
zueinander ($o \parallel p$).

▶ **Auftrag:** Vervollständige die drei Sätze.

Trainieren

1 Verwende jeweils die gegebenen Punkte.

a) Zeichne folgende Geraden, Strahlen und Strecken.

Gerade AB	Strecke $\overline{DE}$
Gerade DF	Strecke $\overline{EG}$
Strahl von D durch C	Strecke $\overline{CF}$

b) Beantworte folgende Fragen und trage jeweils den
zugehörigen Buchstaben in das zur Frage gehörende
Kästchen ein.
Du erkennst bestimmt das Lösungswort.

1.	Liegt B auf der Geraden AB?	ja: M	nein: V
2.	Liegt D auf der Strecke CE?	ja: E	nein: I
3.	Liegt E auf der Strecke CD?	ja: E	nein: N
4.	Liegt C auf dem Strahl von E durch D?	ja: B	nein: R
5.	Liegt A auf der Geraden CF?	ja: E	nein: L
6.	Liegt G auf der Geraden FC?	ja: U	nein: C

1 M	2 E	3 N
4 B	5 L	6 U

Lösungswort: __BLUMEN__

2 Arbeite mit dem Geodreieck.

a) Welche der Geraden bzw. Strecken
sind senkrecht zueinander?

$a \perp b$; $g \perp i$; $g \perp c$

b) Welche der Geraden bzw. Strecken
sind parallel zueinander?

$c \parallel i$; $b \parallel e$

3 Setze durch Zeichnen von Senkrechten und Parallelen folgende Muster bis zum rechten Rand fort.
Hinweis: Male die entstandenen Bandornamente farbig aus.

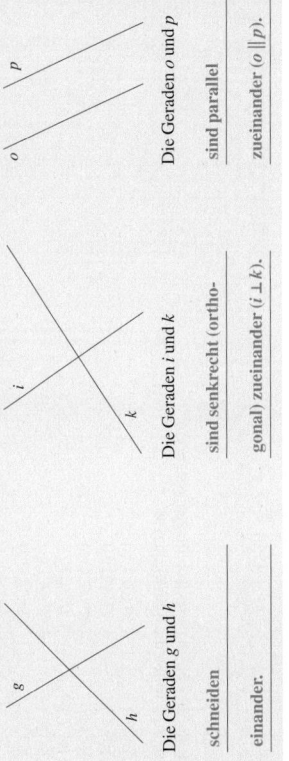

Anwenden und Vernetzen

4 Unterscheide zwischen Foto und Original

a) Auf dem Foto sind zwei Baumreihen zu sehen.
Sind diese parallel zueinander?
Sind die Wegränder parallel zueinander?

Vermutlich sind vor Ort sowohl die Baumreihen als
auch die Wegreihen relativ parallel zueinander.

Jedoch auf dem Foto ist dies nicht nachmessbar.

Die Perspektive täuscht.

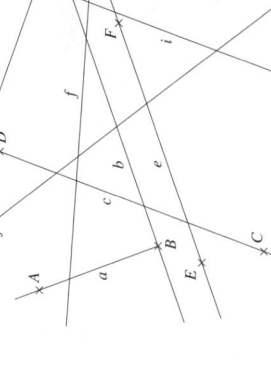

b) Ein gerades Stück Weg ist 15 m lang und 25 dm breit. Auf den Wegrändern werden links und rechts Sträucher
gepflanzt. Der Abstand der Sträucher in einer Reihe beträgt jeweils rund 5 m.
Veranschauliche die Situation mit Blick von oben in einer Zeichnung. Wähle 1 cm für 1 m.

5 Kann die Aussage wahr sein? Begründe deine Antwort.

a) Ben sagt: „Ich habe eine 778 mm lange Strecke gezeichnet." ⊗ Ja, wenn genug Platz ist (z. B. an der Tafel).

b) Mia sagt: „Ich habe einen 7,5 cm lange Strahl gezeichnet." ⊗ Nein, ein Strahl ist stets unendlich lang.

c) Leon sagt: „Ich habe eine 1,25 dm lange Gerade gezeichnet." ⊗ Nein, eine Gerade ist stets unendlich lang.

Koordinatensystem

▶ Grundwissen

Ein Koordinatensystem besteht aus zwei zueinander senkrechten Achsen, der x-Achse und der y-Achse.
Jede Achse ist gleichmäßig unterteilt.
Jeder Punkt P kann mit seinen Koordinaten $P(x|y)$ angegeben werden.

Beispiel: $A(3|2)$

$B(6|3)$

▶ **Auftrag:** Gib die Koordinaten der Punkte A und B an.

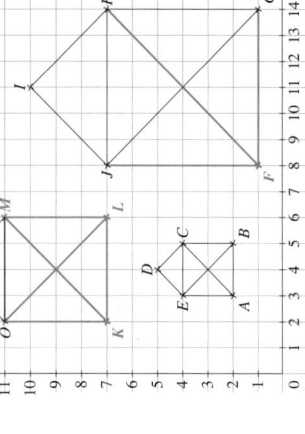

Trainieren

1 Vervollständige die Angaben zu den im Koordinatensystem eingezeichneten Punkten.

$A(\ 1\ |\ 3\ )$ $B(\ 5\ |\ 4\ )$

$C(\ 6\ |\ 5\ )$ $D(\ 2\ |\ 6\ )$

$E(\ 2\ |\ 0\ )$ $F(\ 1\ |\ 4\ )$

$G(\ 1\ |\ 2\ )$ $H(\ 2\ |\ 5\ )$

$I(\ 1\ |\ 1\ )$ $S\ (0|2)$

$L(\ 5\ |\ 1\ )$ $K\ (0|5)$

$N(\ 1\ |\ 5\ )$ $O\ (3|4)$

$P(\ 2\ |\ 3\ )$ $M\ (5|0)$

2 Zeichne die Punkte in das Koordinatensystem ein. Beschrifte vorher die Achsen sinnvoll.

$A(2|3)$ $B(6|1)$
$C(10|3)$ $D(12|7)$
$E(10|11)$ $F(2|11)$
$G(0|7)$ $H(4|7)$
$I(6|5)$ $K(6|9)$
$L(8|7)$ $M(6|12)$

---

3 Ergänze zu gleichartigen größeren Häusern und gib die Koordinaten der Punkte an.

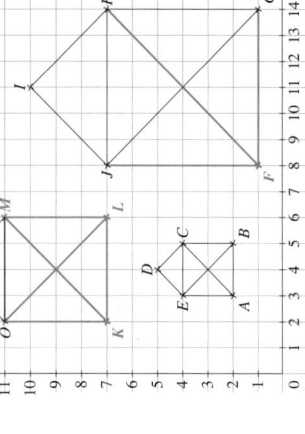

$A(\ 3\ |\ 2\ )$ $B(\ 5\ |\ 2\ )$

$C(\ 5\ |\ 4\ )$ $D(\ 4\ |\ 5\ )$

$E(\ 3\ |\ 4\ )$

$F(\ 8\ |\ 1\ )$ $G(\ 14\ |\ 1\ )$

$H(\ 14\ |\ 7\ )$ $I(\ 11\ |\ 10\ )$

$J(\ 8\ |\ 7\ )$

$K(\ 2\ |\ 7\ )$ $L(\ 6\ |\ 7\ )$

$M(\ 6\ |\ 11\ )$ $N(\ 4\ |\ 13\ )$

$O(\ 2\ |\ 11\ )$

Hinweis: Versuche ein Haus – ohne abzusetzen und Linien mehrmals zu überziehen – nachzuzeichnen.

Anwenden und Vernetzen

4 Koordinatensystem

a) Trage folgende Punkte ins Koordinatensystem ein. Verbinde die Punkte in alphabetischer Reihenfolge und den Punkt M mit dem Punkt A.

$A(2|2)$ $H(7|8)$ $L(3|5)$
$E(10|7)$ $J(6|7)$ $G(9|8)$
$F(8|7)$ $C(12|5)$ $M(1|5)$
$B(11|2)$ $K(3|7)$ $D(10|5)$

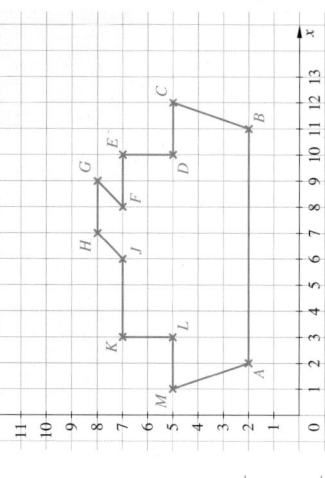

b) Welche Strecken verlaufen parallel zur x-Achse?

$\overline{AB}$; $\overline{CD}$; $\overline{EF}$; $\overline{GH}$; $\overline{JK}$; $\overline{LM}$

c) Welche Strecken verlaufen parallel zur y-Achse?

$\overline{DE}$; $\overline{KL}$

5 Orientierung auf einem Stadtplan

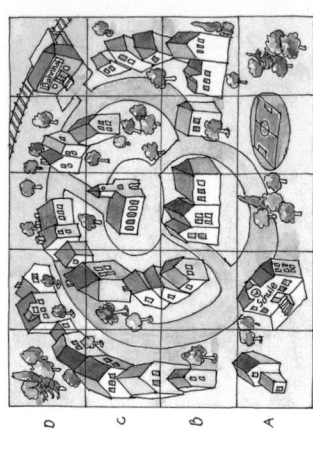

a) Überprüfe folgende Angaben und berichtige diese gegebenenfalls.

Die Kirche liegt im Planquadrat 3C.   ja

Die Schule liegt im Planquadrat 21.   nein (2A)

Der Bahnhof liegt im Planquadrat 5D.   ja

Der Sportplatz liegt im Planquadrat B5. nein (4A)

b) Welche Planquadrate sind zu durchqueren, wenn man auf dem kürzesten Weg von der Schule zum Bahnhof geht? 2A; 3A; 4A; 4B; 5C; 5D

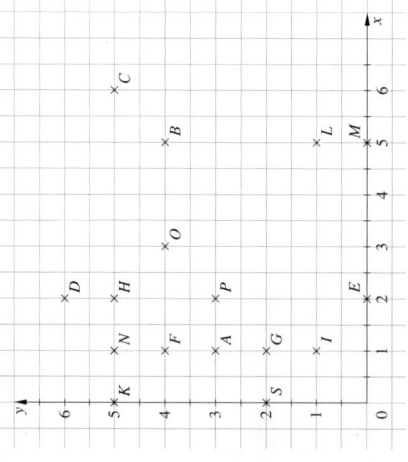

Besondere Vierecke

▶ Grundwissen

- Jedes Viereck mit gleich langen gegenüberliegenden Seiten und senkrecht zueinander verlaufenden benachbarten Seiten ist ein Rechteck.
- Jedes Rechteck mit vier gleich langen Seiten ist ein Quadrat.
- Jedes Viereck mit gleich langen gegenüberliegenden Seiten ist ein Parallelogramm.
- Jedes Parallelogramm mit vier gleich langen Seiten ist eine Raute.

▶ Auftrag: Ergänze die Sätze.

Beispiele:

Trainieren

1 Ergänze mithilfe der Kästchen zu entsprechenden Vierecken.

a) Rechteck   b) Quadrat   c) Parallelogramm   d) Raute

2 Ergänze mithilfe des Geodreiecks zu entsprechenden Vierecken.

a) Quadrat   b) Parallelogramm   c) Rechteck   d) Raute

3 Kreuze jeweils alle zutreffenden Bezeichnungen an.

	①	②	③	④	⑤	⑥	⑦	⑧
Quadrat		×						
Rechteck		×	×					
Parallelogramm		×	×	×	×			
Raute				×	×		×	
Viereck	×	×	×	×	×	×	×	×

4 Wahr oder falsch? Kreuze an.

a) Jedes Viereck mit vier gleich langen Seiten ist ein Quadrat.   Raute   □ wahr   ☒ falsch

b) Jede Raute mit zueinander senkrecht verlaufenden benachbarten Seiten ist ein Quadrat.   ☒ wahr   □ falsch

c) Jedes Parallelogramm mit zueinander senkrechten benachbarten Seiten ist ein Rechteck.   ☒ wahr   □ falsch

5 Gib jeweils die Anzahl der entsprechenden Vierecke in der Figur an.

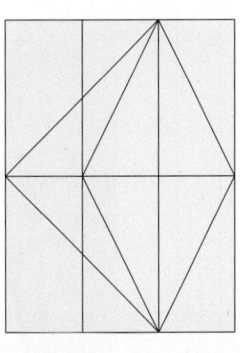

Quadrate: 4

Parallelogramme: 17

Rechtecke: 16

Rauten: 5

6 Zeichne zuerst ein Quadrat mit 4 cm langen Seiten. Zeichne danach ein Rechteck mit 4 cm und 6 cm langen Seiten.

Anwenden und Vernetzen

7 Schreibe die Koordinaten der Ecken des jeweiligen Vierecks auf. Jeder Punkt ist nur einmal zu nehmen.
Hinweis: Zeichne die Seiten ein.

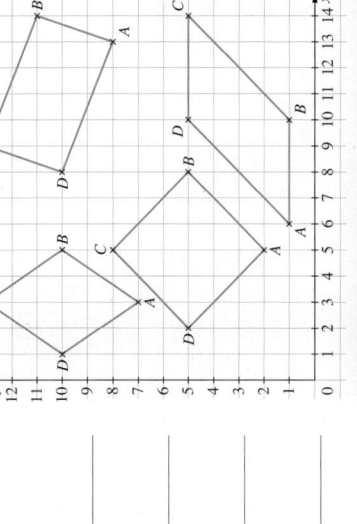

Quadrat:

$A(5|2)$; $B(8|5)$; $C(5|8)$; $D(2|5)$

Parallelogramm:

$A(6|1)$; $B(10|1)$; $C(14|5)$; $D(10|5)$

Rechteck:

$A(13|8)$; $B(14|11)$; $C(9|13)$; $D(8|10)$

Raute:

$A(3|7)$; $B(5|10)$; $C(3|13)$; $D(1|10)$

8 Mosaike

a) Welche Vierecksarten enthält das Mosaik? Markiere jeweils Beispielflächen.

individuelle Lösung

Rechtecke; Quadrate; Parallelogramme;

Rauten;

(Trapeze; Drachenvierecke)

b) Zeichne auf einem zusätzlichen Blatt ein Mosaik, in dem Quadrate, Rechtecke, Rauten und Parallelogramme vorkommen.   individuelle Lösung

Im Kopf multiplizieren und dividieren

▶ Grundwissen

• Multiplizieren bedeutet so viel wie malnehmen, vervielfachen, …

Beispiel: $4 \cdot 5\,m = 20\,m$

Faktor · Faktor = Produkt (Produkt)

• Dividieren bedeutet so viel wie teilen, aufteilen, verteilen, …

Beispiel: $20\,m : 4 = 5\,m$

Dividend : Divisor = Quotient (Quotient)

▶ **Auftrag:** Trage folgende Begriffe an den richtigen Stellen ein:
teilen; verteilen; malnehmen; vervielfachen; aufteilen.

Trainieren

1 Schreibe die Rechenausdrücke auf und berechne.

a) Multipliziere 3 mit 5. $3 \cdot 5 = 15$

b) Halbiere 8. $8 : 2 = 4$

c) Dividiere 12 durch 3. $12 : 3 = 4$

d) Verdreifache 7. $7 \cdot 3 = 21$

e) Nimm dreimal 15. $3 \cdot 15 = 45$

f) Teile 60 durch 20. $60 : 20 = 3$

2 Multipliziere.

a) $3 \cdot 4 = 12$
b) $2 \cdot 80 = 160$
c) $60 \cdot 10 = 600$
d) $10 \cdot 4 = 40$

e) $30 \cdot 4 = 120$
f) $20 \cdot 80 = 1600$
g) $66 \cdot 10 = 660$
h) $11 \cdot 4 = 44$

i) $17 \cdot 2 = 34$
j) $3 \cdot 25 = 75$
k) $6 \cdot 13 = 78$
l) $45 \cdot 4 = 180$

3 Dividiere.

a) $35 : 5 = 7$
b) $16 : 8 = 2$
c) $60 : 2 = 30$
d) $54 : 9 = 6$

e) $350 : 5 = 70$
f) $160 : 8 = 20$
g) $60 : 20 = 3$
h) $540 : 90 = 6$

i) $81 : 9 = 9$
j) $420 : 2 = 210$
k) $80 : 80 = 1$
l) $400 : 5 = 80$

4 Ergänze die Tabelle.

a	12	80	36	11	18	25	330	81
b	3	2	3	11	6	5	11	3
$a \cdot b$	36	160	108	121	108	125	3630	243
$a : b$	4	40	12	1	3	5	30	27

5 Ergänze die fehlenden Zahlen in den Multiplikationsmauern.

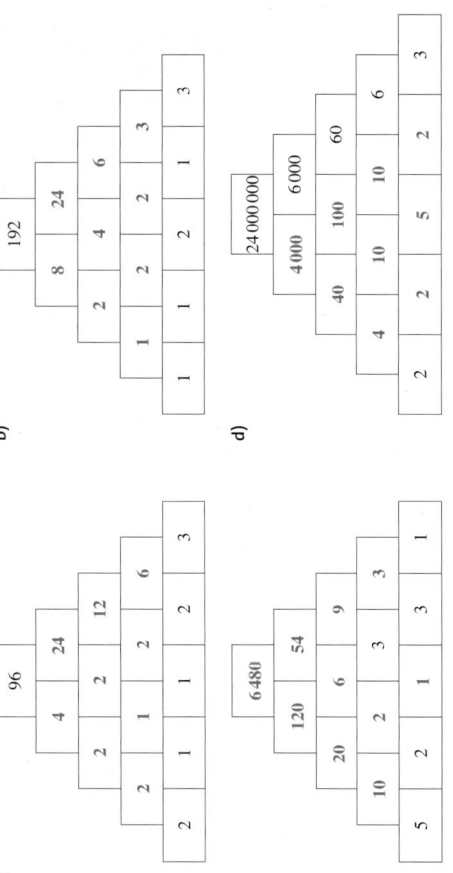

a)

	96	
	4	24
	2	2	12
	2	1	2	6
2	1	1	2	3

b)

	192	
	8	24
	2	4	6
	1	2	2	3
1	1	2	1	3

c)

	6480	
	120	54
	20	6	9
	10	2	3	3
5	2	1	3	1

d)

	24000000	
	4000	6000
	40	100	60
	4	10	10	6
2	2	5	2	3

6 Ergänze die Rechenzeichen bzw. Zahlen.

a) $10 \cdot 5 = 50$
b) $100 : 20 = 5$
c) $17 \cdot 2 = 34$
d) $28 : 14 = 2$

e) $7 \cdot 9 = 63$
f) $110 : 11 = 10$
g) $21 \cdot 5 = 105$
h) $8 \cdot 4 = 32$

Anwenden und Vernetzen

7 Lösen von Zahlenrätseln

a) Mit welcher Zahl ist 8 zu multiplizieren, um 80 zu erhalten? 10

b) Durch welche Zahl ist 35 zu teilen, um 7 zu erhalten? 5

c) Durch welche Zahl ist 175 zu dividieren, um 25 zu erhalten? 7

d) Mit welcher Zahl ist 13 zu vervielfachen, um 65 zu erhalten? 5

e) Das Produkt welcher 3 aufeinander folgender Zahlen ist 60? 3; 4; 5

f) Das Produkt zweier Zahlen ist 72. Finde mindestens drei Lösungen.

$1 \cdot 72 = 72$; $2 \cdot 36 = 72$; $3 \cdot 24 = 72$; $4 \cdot 18 = 72$; $6 \cdot 12 = 72$; $8 \cdot 9 = 72$;

$(9 \cdot 8 = 72$; $12 \cdot 6 = 72$; $18 \cdot 4 = 72$; $24 \cdot 3 = 72$; $36 \cdot 2 = 72$; $72 \cdot 1 = 72)$

Rechenausdrücke:

$8 \cdot 10 = 80$

$35 : 5 = 7$

$175 : 7 = 25$

$13 \cdot 5 = 65$

$3 \cdot 4 \cdot 5 = 60$

$\square \cdot \square = 72$

8 Eine Fluggesellschaft hat 31989 Buchungen für Flüge zu den Olympischen Spielen. Sie will 6 Jumbojets mit je 350 Plätzen einsetzen. Jeder Jumbojet soll 15-mal fliegen. Funktioniert dieser Plan?

$6 \cdot 350 \cdot 15 = 31500$ Nein, 489 Buchungen können nicht berücksichtigt werden (wenn nichts storniert wird).

Schriftlich multiplizieren und dividieren

▶ Grundwissen

Beispiele:

Überschlag: $4\,000 \cdot 10 = 4\,000$

	3	9	1	·	1	3
		3	9	1		
		1	1	7	3	
			1			
		5	0	8	3	

Überschlag: $500 : 50 = 10$

$5\,0\,0\;:\;4\,5\;=\;1\,0$

Probe:

	4	5	·	1	2
		4	5		
			9	0	
			9	0	
		5	4	0	

▶ Auftrag: Ergänze.

Trainieren

1 Ordne mithilfe des Überschlags jeder Aufgabe ihr Ergebnis zu. Zeichne Linien ein.

456 · 41   6336 : 33   941 · 87   744 : 12   3321 · 78   458 · 8

192   259038   1523   18696   81867   62   3664   1523

628125   3140625   1005   5025   25125   125625   201

2 Überschlage zuerst. Multipliziere danach schriftlich.

a) $5\,000 \cdot 3 = 15\,000$

b) $10\,000 \cdot 7 = 70\,000$

c) $70\,000 \cdot 6 = 420\,000$

3 Rechne, bis du über eine Million kommst. Stell dir vor, du löst eine Aufgabe zum schriftlichen Rechnen.

4 Überschlage zuerst. Multipliziere danach schriftlich.

a) $40 \cdot 20 = 800$

b) $50 \cdot 30 = 1\,500$

c) $600 \cdot 20 = 12\,000$

d) $60\,000 \cdot 20 = 120\,000$

e) $10\,000 \cdot 70 = 700\,000$

f) $30\,000 \cdot 50 = 1\,500\,000$

503

5 Überschlage zuerst. Dividiere danach schriftlich. Rechne jeweils die Probe.

a) $600 : 6 = 100$

b) $4\,500 : 9 = 500$

c) $6\,000 : 10 = 600$

6 Rechne. Stell dir vor, du löst eine Aufgabe zum schriftlichen Rechnen.

a) 8888   : 2   4444   : 2   2222   : 2   1111

b) 1600   : 4   400   : 4   100   : 4   25

Anwenden und Vernetzen

7 In einer Gärtnerei sollen 3648 Kakteen in Kästen zu je acht Stück verpackt werden. Jeder gefüllte Kasten kostet 13,00 €. Berechne, wie viel Euro beim Verkauf aller Kästen eingenommen werden.

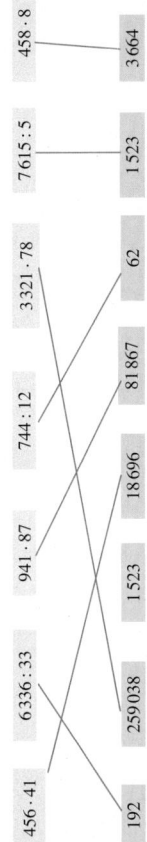

Beim Verkauf aller Kästen werden 5928 € eingenommen.

8 1260 Paprikaschoten sollen in Netze zu je drei Stück verpackt werden. Jeweils 15 Netze kommen in eine Kiste. Wie viele Kisten werden dafür benötigt?

Es werden 28 Kisten benötigt.

9 Ergänze die fehlenden Zahlen.

a) Die Summe in den Spalten, in den Zeilen und in den Diagonalen ist 396.

33	198	165
264	132	0
99	66	231

b) Das Produkt in den Spalten, in den Zeilen und in den Diagonalen ist 4096.

128	1	32
4	16	64
8	256	2

Rechengesetze

▶ Grundwissen

- **Kommutativgesetz:** In einem Produkt dürfen die Faktoren vertauscht werden.
- **Assoziativgesetz:** In einem Produkt dürfen die Faktoren beliebig mit Klammern zusammengefasst werden.
- **Distributivgesetz:** Eine Summe kann mit einer Zahl multipliziert werden, indem zuerst jeder Summand mit der Zahl multipliziert wird und die Produkte danach addiert werden.

Beispiele:

$5 \cdot 21 = 21 \cdot 5 = 105$

$7 \cdot 4 \cdot 5 = 7 \cdot (4 \cdot 5) = 140$

$5 \cdot (40 + 6) = 200 + 30 = 230$

▶ **Auftrag:** Ergänze die Beispiele.

Trainieren

1 Berechne.

a) $2 \cdot 111 = 222$

b) $2 \cdot 51 = 102$

c) $9 \cdot 400 = 3600$

d) $3 \cdot 132 = 396$

e) $4 \cdot 25 = 100$

f) $4 \cdot 75 = 300$

g) $14 \cdot 8 = 112$

h) $65 \cdot 3 = 195$

2 Rechne vorteilhaft.

a) $19 \cdot 2 \cdot 5 = 190$

b) $8 \cdot 5 \cdot 5 = 200$

c) $2 \cdot 7 \cdot 5 = 70$

d) $45 \cdot 4 \cdot 5 = 900$

e) $10 \cdot 75 \cdot 2 = 1500$

f) $72 \cdot 4 \cdot 25 = 7200$

g) $8 \cdot 9 \cdot 2 = 144$

h) $650 \cdot 0 \cdot 380 = 0$

3 Schreibe jeweils das Ergebnis hinter den der vier Ausdrücke, den du am schnellsten berechnen kannst.

a) $(4 \cdot 5) \cdot 11 = 220$ $(5 \cdot 11) \cdot 4 =$ $(11 \cdot 5) \cdot 4 =$

b) $(25 \cdot 4) \cdot 7 = 700$ $(7 \cdot 25) \cdot 4 =$

c) $(2 \cdot 13) \cdot 51 =$ $(2 \cdot 51) \cdot 13 = 1326$ $(13 \cdot 51) \cdot 2 =$ $(13 \cdot 2) \cdot 51 =$

4 Setze jeweils die fehlenden Klammern, so dass wahre Aussagen entstehen.
Zusatzaufgabe: Gib die Ergebnisse an.

a) $10 \cdot (40 + 6) = 400 + 60 = 460$

b) $10 \cdot (36 - 6) = 10 \cdot 30 = 300$

c) $50 : (7 + 3) = 50 : 10 = 5$

d) $(23 + 25) \cdot 5 = 48 \cdot 5 = 240$

e) $(36 - 25) \cdot 11 = 11 \cdot 11 = 121$

f) $(10 + 8) : 2 = 5 + 4 = 9$

5 Rechne vorteilhaft.

a) $7 \cdot 7 \cdot 13 = 7 \cdot (7 \cdot 13) = 7 \cdot 20 = 140$

b) $35 \cdot 2 \cdot 35 \cdot 18 = 35 \cdot (2 + 18) = 35 \cdot 20 = 700$

c) $12 \cdot 37 + 12 \cdot 13 = 12 \cdot (37 + 13) = 12 \cdot 50 = 600$

d) $6 \cdot 7 + 4 \cdot 6 = 6 \cdot (7 + 4) = 6 \cdot 11 = 66$

e) $120 \cdot 7 + 7 \cdot 80 = 7 \cdot (120 + 80) = 7 \cdot 200 = 1400$

f) $6 \cdot 16 + 14 \cdot 16 = 16 \cdot (6 + 14) = 16 \cdot 20 = 320$

g) $19 \cdot 9 + 19 \cdot 91 = 19 \cdot (9 + 91) = 19 \cdot 100 = 1900$

h) $350 \cdot 8 + 50 \cdot 8 = 8 \cdot (350 + 50) = 8 \cdot 400 = 3200$

i) $1 \cdot 77 + 9 \cdot 77 = 77 \cdot (1 + 9) = 77 \cdot 10 = 770$

j) $77 \cdot 0 + 77 \cdot 2 = 0 + 154 = 154$

6 Ordne Aufgaben mit dem gleichen Ergebnis mithilfe des Distributivgesetzes einander zu.
Zusatzaufgabe: Löse die Aufgaben auf einem zusätzlichen Blatt.

$(53 + 12) \cdot 17$ $(53 + 17) \cdot 12$ $(17 + 12) \cdot 35$ $(35 + 12) \cdot 17$ $(35 + 21) \cdot 17$ $(25 + 31) \cdot 17$

$53 \cdot 12 + 17 \cdot 12 = 840$

$53 \cdot 17 + 12 \cdot 17 = 1105$

$25 \cdot 17 + 31 \cdot 17 = 952$

$35 \cdot 17 + 21 \cdot 17 = 952 \qquad = 799$

$17 \cdot 35 + 12 \cdot 35 = 1015$

7 Ergänze die Rechenzeichen.

a) $15 \cdot 5 + 15 \cdot 5 = (5 + 5) \cdot 15 = 10 \cdot 15 = 150$

$15 \;\boxed{\cdot}\; 5 \;\boxed{+}\; 15 \;\boxed{\cdot}\; 5 = 150$

b) $8 \cdot 37 + 43 \cdot 8 = (37 + 43) \cdot 8 = 80 \cdot 8 = 640$

$8 \;\boxed{\cdot}\; 37 \;\boxed{+}\; 43 \;\boxed{\cdot}\; 8 = 640$

c) $55 : 5 - 25 : 5 = (55 - 25) : 5 = 30 : 5 = 6$

$55 \;\boxed{:}\; 5 \;\boxed{-}\; 25 \;\boxed{:}\; 5 = 0$

d) $15 \cdot 21 - 4 \cdot 21 = (15 - 4) \cdot 21 = 11 \cdot 21 = 231$

$15 \;\boxed{\cdot}\; 21 \;\boxed{-}\; 4 \;\boxed{\cdot}\; 21 = 231$

e) $57 - 38 + 51 \cdot 2 = 19 + 102 = 121$

$57 \;\boxed{-}\; 38 \;\boxed{+}\; 51 \;\boxed{\cdot}\; 2 = 121$

Rechenzeichen zum Abstreichen:
+ + +
− − −
· · · · · · ·
: :

Anwenden und Vernetzen

8 Verbinde jedes Gesetz mit den Aufgaben, bei deren Lösung es angewendet werden kann. Löse die Aufgaben. Gib jeweils zwei unterschiedlich vorteilhafte Lösungswege an.
z. B.

Kommutativgesetz der Addition

Assoziativgesetz der Addition

Kommutativgesetz der Multiplikation

Assoziativgesetz der Multiplikation

Distributivgesetz

$17 \cdot 4 \cdot 25 = 17 \cdot 100 \; (= 68 \cdot 25) = 1700$

$2 + 3 + 509 = 3 + 509 + 2 = 3 + 511 \; (= 5 + 509) = 514$

$2 \cdot 9 \cdot 5 = 2 \cdot 5 \cdot 9 = 10 \cdot 9 \; (= 2 \cdot 45) = 90$

$8 \cdot 17 + 12 \cdot 17 = (8 + 12) \cdot 17 \; (= 136 + 204) = 340$

$195 + 88 + 12 = 195 + 100 \; (= 283 + 12) = 295$

9 Im folgenden Text sind insgesamt sechs Zahlwörter versteckt.

Tobias las vor neun Tagen ein Buch über das zwanzigste Jahrhundert. Dabei machte besonders der Physiker Albert Einstein einen großen Eindruck auf ihn. Vieles, was dieser entdeckte, war für Tobias neu. Nur, dass er nicht alles verstanden hat, ließ Tobias fast verzweifeln.

a) Unterstreiche zuerst die 6 Zahlwörter im Text. Schreibe diese danach nach der Größe geordnet auf.

$1 < 2 < 8 < 9 < 20 < 100$

b) Bilde die Summe der beiden größten Zahlen. Vermindere diese um das Produkt der beiden mittleren Zahlen.

$(100 + 20) - 8 \cdot 9 = 48$

c) Bilde das Produkt der beiden mittleren Zahlen. Vermehre dies um das Doppelte der größten Zahl.

$8 \cdot 9 + 2 \cdot 100 = 272$

Brüche als Teil eines Ganzen

Anteile von Ganzen werden durch Brüche bezeichnet.

$$\frac{4}{5}$$

Der Zähler _____ gibt an, wie viele gleich große Teile vom Ganzen zu nehmen sind.

Der Nenner _____ gibt an, in wie viele gleich große Teile ein Ganzes zerlegt wurde.

▶ Auftrag: Ergänze die Fachbegriffe.

Trainieren

1 Gib jeweils den Anteil der farbigen Fläche an der ganzen Figur in Bruchschreibweise an.

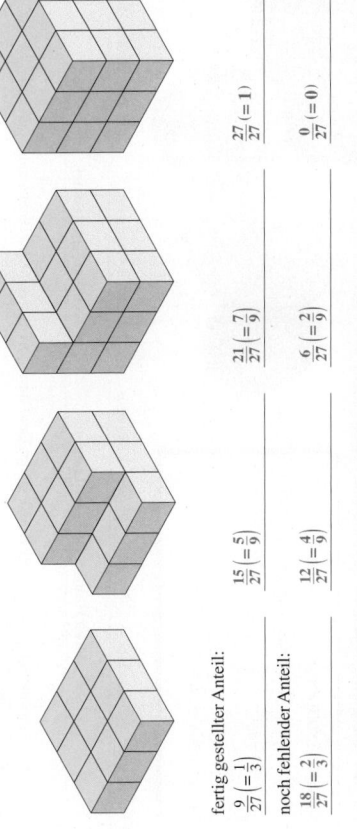

a) $\frac{1}{3}$ b) $\frac{1}{7}$ c) $\frac{1}{8}$ d) $\frac{1}{8}$

e) $\frac{2}{3}$ f) $\frac{4}{7}$ g) $\frac{5}{8}$ h) $\frac{7}{8}$

i) $\frac{3}{10}$ j) $\frac{5}{5} = 1$ k) $\frac{4}{15}$ l) $\frac{13}{30}$

2 Färbe folgende Anteile ein.

a) $\frac{3}{4}$ b) $\frac{4}{6}$ c) $\frac{3}{8}$ d) $\frac{5}{6}$

e) $\frac{7}{30}$ f) $\frac{2}{3}$ g) $\frac{7}{25}$ h) $\frac{3}{5}$

z.B.

3 Aus kleinen Würfeln soll der rechts abgebildete große Würfel gebaut werden. Gib jeweils den fertig gestellten und den noch fehlenden Anteil an.

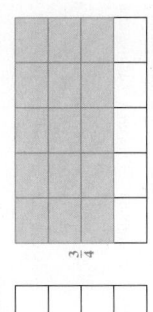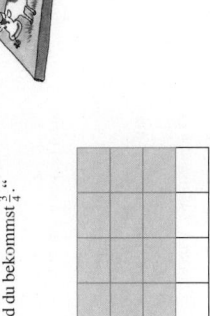

fertig gestellter Anteil:

$$\frac{9}{27}\left(=\frac{1}{3}\right) \qquad \frac{15}{27}\left(=\frac{5}{9}\right) \qquad \frac{21}{27}\left(=\frac{7}{9}\right) \qquad \frac{27}{27}(=1)$$

noch fehlender Anteil:

$$\frac{18}{27}\left(=\frac{2}{3}\right) \qquad \frac{12}{27}\left(=\frac{4}{9}\right) \qquad \frac{6}{27}\left(=\frac{2}{9}\right) \qquad \frac{0}{27}(=0)$$

Anwenden und Vernetzen

4 Katja hat eine Tafel Schokolade in der Hand. Sie sagt zu Sandra: „Ich behalte $\frac{3}{5}$ der Schokolade und du bekommst $\frac{3}{4}$.“ Was meinst du dazu? Begründe. Hinweis: Veranschauliche die Situation. z.B.

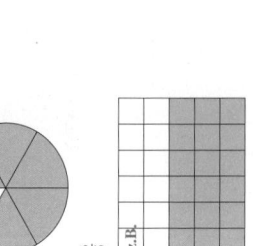

$\frac{3}{5}$ $\frac{3}{4}$

Wenn Katja $\frac{3}{5}$ der Schokolade behält, bleiben für Sandra nicht $\frac{3}{4}$ übrig.

5 Jeweils ein Teil einer Fläche wurde dargestellt. Wie könnte die ganze Fläche aussehen? Zeichne jeweils mindestens eine Möglichkeit.

a) Das ist ein Viertel der Fläche. b) Das sind zwei Drittel der Fläche. c) Das sind drei Fünftel der Fläche.

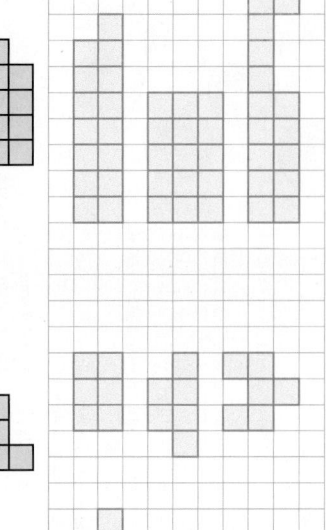

z.B.

Bruchteile von Größen

▶ Grundwissen

Mit Brüchen können Anteile von Größen angegeben werden.
Die absolute Größe des Anteils erhält man, indem die Angabe durch den Nenner des Bruchs geteilt wird und das Ergebnis mit dem Zähler multipliziert wird. Oft ist zuvor in eine kleinere Einheit umzurechnen.

Beispiel:

(Zahlenstrahl: 0 10 20 30 40 50 60)

$\frac{2}{3}$ von 60 mm sind 40 mm.   Rechnung: 60 mm : 3 = 20 mm   20 mm · 2 = 40 mm

▶ Auftrag: Ergänze das Beispiel.

Trainieren

1 Veranschauliche jeweils den gegebenen Bruch und gib die Länge der entsprechenden Strecke an.

a) $\frac{3}{4}$ von 60mm sind 45 mm.

b) $\frac{5}{6}$ von 60mm sind 50 mm.

c) $\frac{1}{3}$ von 60mm sind 20 mm.

d) $\frac{5}{12}$ von 60mm sind 25 mm.

e) $\frac{4}{15}$ von 60mm sind 16 mm.

f) $\frac{17}{20}$ von 60mm sind 51 mm.

2 Rechne im Kopf.

a) Masse und Geld

	20t	40kg	200g	500mg	120€	160ct
$\frac{1}{4}$ von … sind …	5t	10kg	50g	125mg	30€	40 ct
$\frac{3}{4}$ von … sind …	15 t	30 kg	150 g	375 mg	90 €	120 ct

b) Länge
Hinweis zur letzten Spalte: $1\frac{1}{2}$ m = 150 cm

	90km	600m	120dm	180cm	240mm	$1\frac{1}{2}$ m
$\frac{1}{3}$ von … sind …	30km	200 m	40 dm	60 cm	80 mm	50 cm
$\frac{2}{3}$ von … sind …	60 km	400 m	80 dm	120 cm	160 mm	100 cm
$\frac{7}{10}$ von … sind …	63 km	420 m	84 dm	126 cm	168 mm	105 cm

c) Zeit
Hinweise zu den beiden letzten Spalten: Rechne 3 Jahre in Monate um. Gib wenn nötig halbe Wochen an.

	24h	60min	12s	36d	3 Jahre	6 Wochen
$\frac{1}{12}$ von … sind …	2h	5 min	1 s	3 d	3 Monate	$\frac{1}{2}$ Woche
$\frac{5}{12}$ von … sind …	10 h	25min	5 s	15 d	15 Monate	$2\frac{1}{2}$ Wochen
$\frac{5}{6}$ von … sind …	20 h	50 min	10 s	30 d	30 Monate	5 Wochen

3 Rechne jeweils zuerst rechts mit Cent. Gib danach links das Ergebnis in Euro an.

a) $\frac{1}{5}$ von 2 € sind 0,40 €. $\frac{1}{5}$ von 200 ct sind 40 ct (0,40 €).

b) $\frac{3}{4}$ von 2 € sind 1,50 €. $\frac{3}{4}$ von 200 ct sind 150 ct (1,50 €).

c) $\frac{5}{8}$ von 4 € sind 2,50 €. $\frac{5}{8}$ von 400 ct sind 250 ct (2,50 €).

d) $\frac{2}{7}$ von 3,50 € sind 1,00 €. $\frac{2}{7}$ von 350 ct sind 100 ct (1,00 €).

4 Rechne jeweils zuerst rechts mit der nächstkleineren Einheit. Gib danach links das Ergebnis in der gegebenen Einheit an.

Hinweis: 1 t = 1000 kg   1 kg = 1000 g   1 g = 1000 mg
1 km = 1000 m   1 m = 10dm   1 dm = 10cm   1 cm = 10mm

a) $\frac{3}{10}$ von 6 t sind 1,8 t. $\frac{3}{10}$ von 6000 kg sind 1800 kg (1,8 t).

b) $\frac{5}{12}$ von 1,2 kg sind 0,5 kg. $\frac{5}{12}$ von 1200 g sind 500 g (0,5 kg).

c) $\frac{3}{4}$ von 5 g sind 3,75 g. $\frac{3}{4}$ von 5000 mg sind 3750 mg (3,75 g).

d) $\frac{7}{8}$ von 5,6 km sind 4,9 km. $\frac{7}{8}$ von 5600 m sind 4900 m (4,9 km).

e) $\frac{6}{5}$ von 4 m sind 4,8 m. $\frac{6}{5}$ von 40 dm sind 48 dm (4,8 m).

f) $\frac{7}{12}$ von 1,2 dm sind 0,7 dm. $\frac{7}{12}$ von 12 cm sind 7 cm (0,7 dm).

g) $\frac{5}{6}$ von 4,2 cm sind 3,5 cm. $\frac{5}{6}$ von 42 mm sind 35 mm (3,5 cm).

h) $\frac{3}{11}$ von $2\frac{1}{5}$ cm sind 0,6 cm. $\frac{3}{11}$ von 22 mm sind 6 mm (0,6 cm).

Anwenden und Vernetzen

5 Elias und Sahra möchten für sich und ihre Freunde Obstsalat zubereiten.
Welche Mengen der Zutaten sollten sie für 6 Portionen nehmen?

Obstsalat (4 Portionen)
6 Kiwis; 1 Mango; 3 Orangen; 2 Passionsfrüchte
1 Esslöffel Honig;
$\frac{1}{4}$ l Sahne;
$\frac{1}{2}$ Teelöffel Vanillemark

6 Portionen: 9 Kiwis; 1,5 oder 2 Mangos; 4,5 oder 5 Orangen; 3 Passionsfrüchte;
$1\frac{1}{2}$ Esslöffel Honig; 375 ml Sahne; $\frac{3}{4}$ Teelöffel Vanillemark

6 Daniel sagt: „Von einem Fünftel unserer Klasse ist das Geld für unsere Klassenfahrt bereits eingesammelt."
Ladina sagt: „Es sind 555 €"
In der Klasse sind 25 Schüler. Wie viel Geld ist pro Schüler einzusammeln?
$\frac{1}{5}$ von 25 Schülern sind 5 Schüler.   555 € : 5 = 111 €
111 € sind pro Person einzusammeln.

Maßstab

▶ Grundwissen

Der Maßstab ist das Verhältnis (der Quotient) der Länge einer beliebigen Strecke im Bild zur entsprechenden Länge der Strecke im Original (in Wirklichkeit).

Beispiel: Im rechten Bild des Maikäfers entspricht jeder 1 cm langen Strecke eine __2__ cm lange Stecke im linken Original. Der Maßstab ist __1__ : __2__ .

▶ Auftrag: Bestimme den Maßstab des rechten Bildes vom Maikäfer.

Trainieren

1 Gib die zugehörigen Maßstäbe an und ermittle, wie lang eine 2 km lange Originalstrecke auf einer Karte wäre.

a) [0 250 500 750 1000 1250 1500 m]

Maßstab: **1 : 25000**   2 km entsprechen __8 cm__ auf der Karte.

b) [0 1 2 3 4 5 6 km]

Maßstab: **1 : 100000**   2 km entsprechen __2 cm__ auf der Karte.

c) [0 10 20 30 40 50 60 km]

Maßstab: **1 : 1000000**   2 km entsprechen __0,2 cm__ auf der Karte.

d) [0 5 10 15 km]

Maßstab: **1 : 250000**   2 km entsprechen __0,8 cm__ auf der Karte.

2 Ergänze die Tabellen und die Tabellenüberschriften.

a) Maßstäbliche **Verkleinerungen**

Maßstab	1:25	1:300	1:5	1:150
Länge im Bild	2 mm	3 cm	5 mm	2 dm
Länge im Original	50 mm	900 cm	2,5 cm	300 dm

b) Maßstäbliche **Vergrößerungen**

Maßstab	5:1	10:1	20:1	40:1
Länge im Bild	2 mm	3 cm	500 m	112 dm
Länge im Original	0,4 mm	0,3 cm	25 m	2,8 dm

3 Euer derzeitiger Unterrichtsraum soll umgestaltet werden. Dazu muss ein maßstabsgetreuer Grundriss auf einem DIN-A4-Blatt angefertigt werden. Welchen Maßstab würdest du empfehlen?
Hinweis: Vergleicht die Vorschläge untereinander.

individuelle Lösung (z.B.: 1:50)

---

4 Der Airbus A380 ist der Rekordhalter im Passagiertransport und das zweitgrößte Flugzeug der Welt.
Die Antonow AN-225 ist 11 Meter länger und auch bei der Flügelspannweite übertrifft sie den Airbus um acht Meter.

Daten zum Airbus A380
Länge: 72,30 m
Flügelspannweite: 79,80 m
Höhe: 24,10 m
Maximale Passagierkapazität: 853

a) Das Foto zeigt ein Modell des Airbus A380 mit rund 30 cm Flügelspannweite. Jeweils eine der Angaben ist richtig. Kreuze diese an.

Maßstab des Modells: ☐ 1:25 ☐ 1:250 ☒ 1:2500 ☐ 25:1 ☐ 250:1 ☐ 2500:1
Höhe des Modells: ☐ ca. 0,1cm ☐ ca. 0,1dm ☒ ca. 10cm ☐ ca 1m ☐ ca. 1000mm

b) Stell dir vor, ein Original Airbus A380 und eine Antonow AN-225 sollen mit möglichst geringem Rechenaufwand groß und von oben gesehen auf jeweils ein DIN-A4-Blatt gezeichnet werden.
Welcher Maßstab ist dafür geeignet?
Wie lang und breit werden die entsprechenden Bilder der Flugzeuge etwa?
z. B.
Maßstab: 1 : 400

Airbus A380: Länge des Bildes: etwa 18 cm (18,075 cm)   Breite des Bildes: etwa 20 cm (19,95 cm)

AntonowAN-225: Länge des Bildes: etwa 21 cm (20,825 cm)   Breite des Bildes: etwa 22 cm (21,95 cm)

Anwenden und Vernetzen

5 Plane eine $2\frac{1}{2}$ bis 3-stündige Stadtwanderung und zeichne den Weg ein. Ziel und Ausgangspunkt ist der Schlossturm am Rheinufer.
Beachte, dass durchschnittlich 4 km pro Stunde zurückgelegt werden.
Hinweis: Lass deinen Vorschlag von einer Mitschülerin oder einem Mitschüler überprüfen.

1 cm entspricht 200 m.

individuelle Lösung

Maßstab 1 : 20000

Flächen vergleichen

▶ **Grundwissen**

Die Größen verschiedener Flächen kann man vergleichen, indem man sie in gleich große Flächen unterteilt. Solche Flächen können z. B. sein:

DIN-A4-Blätter, gleich große Notizzettel, …

Kästchen im Heft, gleich große Hefte, …

▶ **Auftrag:** Nenne drei mögliche Einheitsflächen.

Trainieren

1 Umrande Figuren, deren Flächen gleich groß sind, mit der gleichen Farbe.

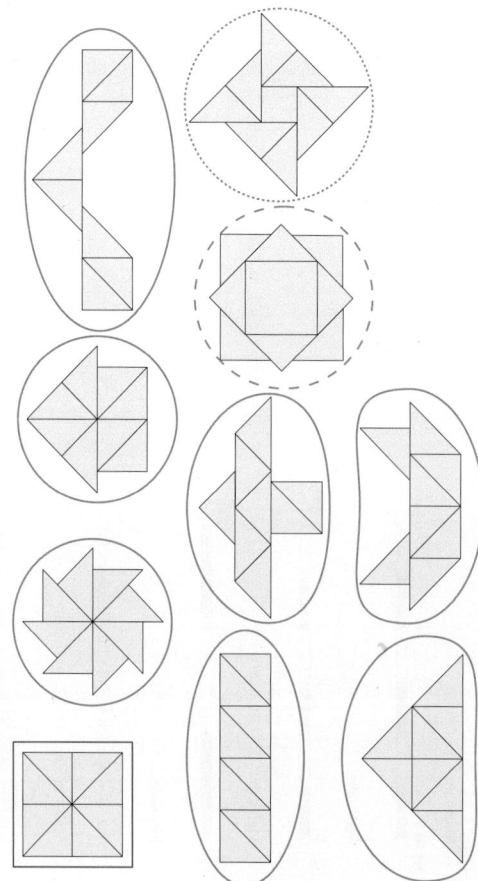

2 Zeichne rechts ein Rechteck, dessen Fläche genauso groß ist wie die der Fläche links.

z.B.

3 Ordne nach der Größe. Beginne mit der kleinsten Fläche.
aufgeklappte Tafel; Schulhof; Tür; Fußboden der Turnhalle; ein kleines Fenster; Lehrertisch
z. B.
ein kleines Fenster; Lehrertisch; Tür; aufgeklappte Tafel; Fußboden der Turnhalle; Schulhof

4 Ermittle, wie viele Quadrate an den hellen Stellen noch einzuzeichnen sind. Welche der Stellen ist am größten?

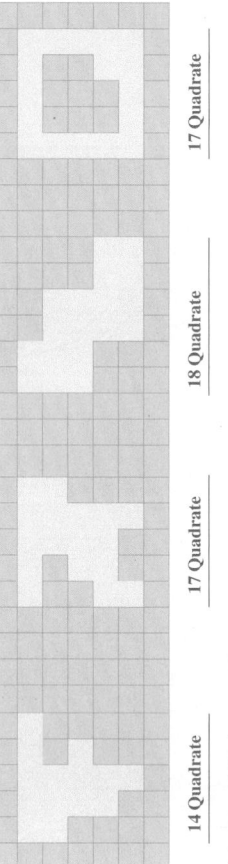

| 14 Quadrate | 17 Quadrate | 18 Quadrate | 17 Quadrate |

Die dritte Stelle ist am größten.

5 Ordne die Flächen der Größe nach.

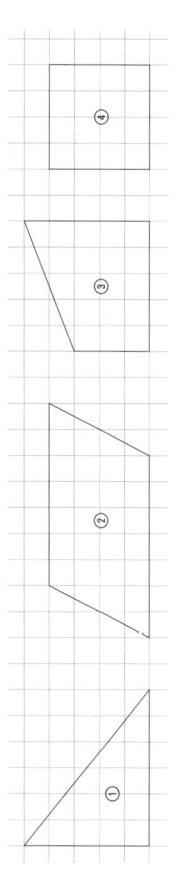

Fläche ① < Fläche ④ < Fläche ③ < Fläche ②

Anwenden und Vernetzen

6 Die Figuren unten wurden aus den Teilen eines chinesischen Tangrams gelegt. Ein Tangram ist einfach herzustellen.
Übertrage dazu die rechte Figur auf Karopapier. Schneide die Teilflächen aus.
Lege mindestens drei der Figuren. Notiere deine Lösung, indem du entsprechende Linien in die abgebildeten Figuren einzeichnest.

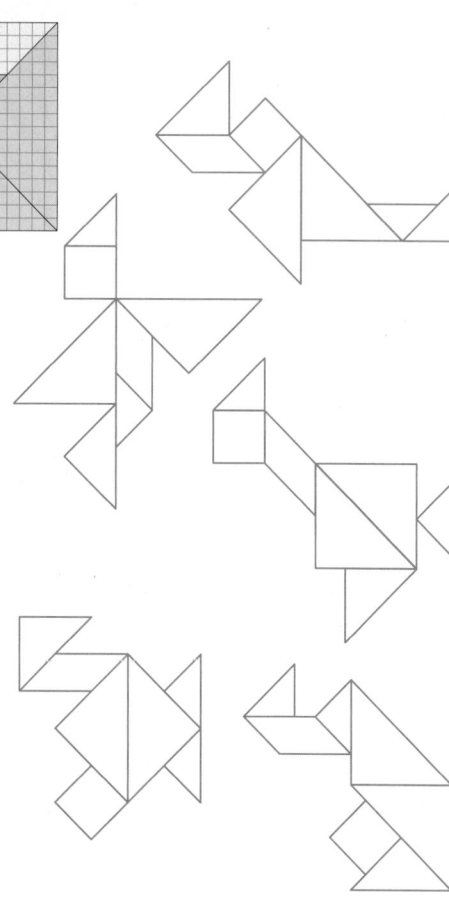

Flächeneinheiten

▲ Grundwissen

Einheiten	Umrechnung
Quadratmillimeter (mm²)	1 cm² = 100 mm²
Quadratzentimeter (cm²)	1 dm² = 100 cm²
Quadratdezimeter (dm²)	1 m² = 100 dm²
Quadratmeter (m²)	1 a = 100 m²
Ar (a)	1 ha = 100 a
Hektar (ha)	1 km² = 100 ha
Quadratkilometer (km²)	

1 cm² | 1 cm | 1 cm

Trainieren

1 Gib die Flächeninhalte der Figuren in Quadratmillimeter und in Quadratzentimeter an.
Hinweis: Jedes kleine Quadrat ist 1 mm² groß.

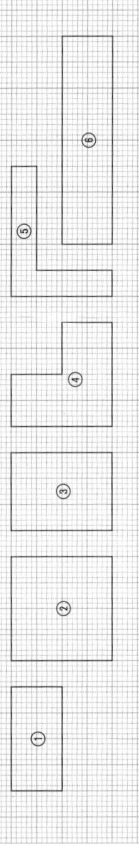

▶ Auftrag: Ergänze die Umrechnungen.

① 200 mm² = 2 cm²
② 400 mm² = 4 cm²
③ 300 mm² = 3 cm²
④ 300 mm² = 3 cm²
⑤ 200 mm² = 2 cm²
⑥ 400 mm² = 4 cm²

2 Rechne in die nächstkleinere Einheit um.
a) 12 cm² = 1200 mm²
b) 5 dm² = 500 cm²
c) 3 m² = 300 dm²
d) 4 m² = 400 dm²
e) 8 cm² = 800 mm²
f) 6 dm² = 600 cm²
g) 8 m² = 800 dm²
h) 9 cm² = 900 mm²
i) 7 cm² = 700 mm²

3 Rechne in die nächstgrößere Einheit um.
a) 300 cm² = 3 dm²
b) 900 mm² = 9 cm²
c) 800 dm² = 8 m²
d) 500 m² = 5 a
e) 200 dm² = 2 m²
f) 700 cm² = 7 dm²
g) 1000 dm² = 10 m²
h) 2000 cm² = 20 dm²
i) 3000 dm² = 30 m²

4 Ergänze jede Einheit genau einmal.
a) Fläche eines Fingernagels: 20 mm²
b) Fläche eines Waldes: 5 ha
c) Fläche einer Wohnung: 1 a
d) Fläche Europas: 10180000 km²
e) Fläche einer Buchseite: 5 dm²
f) Fläche eines Türblattes: 2 m²

5 Ordne jeder Fläche eine Größenangabe zu.
Gib die Größenangabe in der angegebenen Einheit an.

Fläche eines Tisches	2 a = 200 m²
Fläche des Bodensees	2 m² = 200 dm²
Fläche eine Parkplatzes	500 km² = 50000 ha
Fläche eines Fußabdrucks	1 ha = 100 a
Fußballfeld mit umliegender Laufbahn	3 dm² = 300 cm²

6 Wandle in jede Einheit bis zur vorgegebenen Einheit um.
a) 2400000 mm² = 24000 cm² = 240 dm²
b) 780000 mm² = 7800 cm² = 78 dm²
c) 50000 cm² = 500 dm² = 5 m²
d) 7900000 cm² = 79000 dm² = 790 m²
e) 700000 dm² = 7000 m² = 70 a
f) 2700000 m² = 27000 a = 270 ha
g) 408000000 m² = 4080000 a = 40800 ha
h) 600000 a = 6000 ha = 60 km²

Anwenden und Vernetzen

7 Ergänze.
a) 17 dm² + 303 cm² + 500 mm² = 1700 cm² + 303 cm² + 5 cm² = 2008 cm²
b) 20 m² + 33 m² + 500000 cm² = 20 m² + 33 m² + 50 m² = 103 m²
c) $5\frac{1}{4}$ km² + 500 m² + 500 a = 52500 a + 5 a + 500 a = 53005 a
d) 5 km² + 33 ha + 500 a = 500 ha + 33 ha + 5 ha = 538 ha

8 Kann das stimmen? Kreuze an.
Begründe deine Entscheidung durch Umwandeln in eine andere Einheit.

a) Amelie sagt: „Mein Onkel kann mit seinen Händen 500000 mm² abdecken." ☐ ja ☒ nein
500000 mm² = 5000 cm² = 50 dm² = 0,5 m²

b) Moritz sagt: „Das Auto steht auf einem 15 Millionen Quadratmillimeter großen Parkplatz." ☒ ja ☐ nein
15000000 mm² = 150000 cm² = 1500 dm² = 15 m²

c) Johanna sagt: „Unser Klassenraum ist 0,0002 ha groß." ☐ ja ☒ nein
0,0002 ha = 0,02 a = 2 m²

d) Niklas sagt: „Hundert Rollen Blümchentapete reichen für ca. 5 a." ☒ ja ☐ nein
5 a = 500 m²   500 m² : 100 = 5 m²   Eine Rolle reicht für ca. 5 m².

e) Elina sagt: „Die Spitze einer Spritze ist 1,5 mm² dick." ☐ ja ☒ nein
Die Dicke (Länge) wird nicht in Quadratmillimetern angegeben.

Flächeninhalte von Rechtecken und Quadraten

▶ **Grundwissen**

- Der Flächeninhalt eines Rechtecks wird berechnet, indem man die Länge des Rechtecks mit seiner Breite multipliziert.
  $A = a \cdot b$
- Der Flächeninhalt eines Quadrats wird berechnet, indem man die Seitenlänge des Quadrats mit sich selbst multipliziert.
  $A = a \cdot a = a^2$

Beispiele:

$A = 3\,cm \cdot 2\,cm = 6\,cm^2$

$A = 2\,cm \cdot 2\,cm = 4\,cm^2$

▶ **Auftrag:** Ergänze das Beispiel.

Trainieren

1 Ermittle die Flächeninhalte.

a) b) c)

$A = 5\,cm \cdot 3\,cm = 15\,cm^2$ $A = 3\,cm \cdot 3\,cm = 9\,cm^2$ $A = 50\,mm \cdot 21\,mm = 1050\,mm^2$

2 Berechne.

a) Flächeninhalte von Rechtecken

	Rechteck ①	Rechteck ②	Rechteck ③	Rechteck ④	Rechteck ⑤	Rechteck ⑥
Länge	10 mm	4 cm	8 dm	7 m	2 km	15 cm
Breite	8 mm	6 cm	5 dm	3 m	9 km	11 cm
Flächeninhalt	80 mm²	24 cm²	40 dm²	21 m²	18 km²	165 cm²

b) Flächeninhalte von Quadraten

	Quadrat ①	Quadrat ②	Quadrat ③	Quadrat ④	Quadrat ⑤	Quadrat ⑥
Länge	10 mm	4 cm	8 dm	7 m	50 km	11 cm
Flächeninhalt	100 mm²	16 cm²	64 dm²	49 m²	2500 km²	121 cm²

3 Ergänze in der Tabelle die Flächeninhalte und Seitenlängen von Rechtecken und Quadraten. Unterstreiche im Tabellenkopf alle Flächen, die Rechtecke und keine Quadrate sind.

	Fläche ①	Fläche ②	Fläche ③	Fläche ④	Fläche ⑤	Fläche ⑥
Länge	70 mm	8 cm	9 dm	30 m	20 km	12 cm
Breite	11 mm	7 cm	9 dm	30 m	20 km	5 cm
Flächeninhalt	770 mm²	56 cm²	81 dm²	900 m²	400 km²	60 cm²

4 Ordne mit Linien alle Flächeninhalte zu.
Hinweis: Zwei Angaben bleiben übrig.

| Kinderzimmer 3,5 m × 4 m | Briefmarke 3,5 cm × 2 cm | Notizzettel 3,5 cm × 4 cm | Garten 35 m × 20 m | Beet 3,5 m × 2 m |

700 m²   14 cm²   14 m²   140 cm²   700 cm²   7 cm²   7 m²

Anwenden und Vernetzen

5 Hanna und Marie haben 8 m Drahtzaun und vier Pfosten, daraus wollen sie für ihr Meerschweinchen ein rechteckiges Gehege bauen. Beide haben bereits Lösungsmöglichkeiten gezeichnet.
Hinweis: 1 cm soll jeweils 1 m entsprechen.

a) Zeichne zuerst auf, wie du ein entsprechendes möglichst großes Gehege anlegen würdest.
Berechne danach die Größe aller drei Flächen für das Meerschweinchen.

Vorschlag 1: (3 m × 1 m)

Die Fläche ist 3 m² groß.

Vorschlag 2: (2,5 m × 1,5 m)

Die Fläche ist 3,75 m² groß.

Vorschlag 3: z. B. (2 m × 2 m)

Die Fläche ist 4 m² groß.

b) Hanna kam auf die Idee, als eine Seite des Geheges die Garagenwand zu nutzen.
Zeichne zuerst auf, wie du ein entsprechendes möglichst großes Gehege anlegen würdest.
Berechne danach die Größe aller drei Flächen für das Meerschweinchen.

Vorschlag 1: (3 m × 2 m)

Die Fläche ist 6 m² groß.

Vorschlag 2: (3 m × 2,5 m)

Die Fläche ist 7,5 m² groß.

Vorschlag 3: z. B. (4 m × 2 m)

Die Fläche ist 8 m² groß.

Umfänge von Rechtecken und Quadraten

▶ Grundwissen

Wenn man die Längen aller Seiten einer Fläche addiert, erhält man den Umfang u der Fläche.

Beispiele:

Rechteck
$u = a + b + a + b$
$u = 2 \cdot a + 2 \cdot b$

Quadrat
$u = a + a + a + a$
$u = 4 \cdot a$

$u = 2 \cdot 3\,\text{cm} + 2 \cdot 2\,\text{cm} = 10\,\text{cm}$

$u = 4 \cdot 2\,\text{cm} = 8\,\text{cm}$

▶ Auftrag: Ergänze das Beispiel.

Trainieren

1 Ermittle die Umfänge. Miss dafür die benötigten Seitenlängen.

a) 10 cm
b) 9 cm
c) 8 cm
d) 12 cm

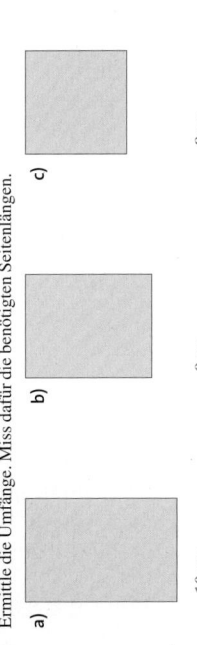

2 Berechne.

a) Umfänge von Quadraten

	Quadrat ①	Quadrat ②	Quadrat ③	Quadrat ④	Quadrat ⑤	Quadrat ⑥
Länge	10 mm	4 cm	8 dm	7 m	50 km	11 cm
Umfang	40 mm	16 cm	32 dm	28 m	200 km	44 cm

b) Umfänge von Rechtecken

	Rechteck ①	Rechteck ②	Rechteck ③	Rechteck ④	Rechteck ⑤	Rechteck ⑥
Länge	12 mm	4 cm	8 dm	7 m	2 km	15 cm
Breite	8 mm	16 cm	5 dm	8 m	9 km	11 cm
Umfang	40 mm	40 cm	26 dm	30 m	22 km	52 cm

3 Es sind die Seitenlängen a und b von Rechtecken gegeben.

a) Welche der Rechtecke haben den gleichen Umfang?

Rechteck ①: $a = 20\,\text{cm}$; $b = 8\,\text{cm}$; $u = $ 56 cm

Rechteck ②: $a = \ 8\,\text{cm}$; $b = 25\,\text{mm}$; $u = $ 21 cm

Rechteck ③: $a = \ 4\,\text{cm}$; $b = \ 6\,\text{dm}$; $u = $ 128 cm

Rechteck ④: $a = 1{,}5\,\text{cm}$; $b = \ 9\,\text{cm}$; $u = $ 21 cm

Rechteck ⑤: $a = 32\,\text{cm}$; $b = 32\,\text{cm}$; $u = $ 128 cm

Rechteck ⑥: $a = 2{,}5\,\text{cm}$; $b = \ 9\,\text{cm}$; $u = $ 23 cm

Den gleichen Umfang haben einerseits Rechteck ② und ④ sowie andererseits Rechteck ③ und ⑤.

b) Gib ein Beispiel für Seitenlängen eines Rechtecks mit einem Umfang von 16 m an.

z. B. $a = 3\,\text{m}$ und $b = 5\,\text{m}$

4 Wessen Aussage ist falsch? Begründe.

Cansu sagt: „Ich habe mit dem 2 m langen Gliedermaßstab ein Quadrat mit 40 cm langen Seiten gelegt."

Danis sagt: „Ich habe mit dem 2 m langen Gliedermaßstab ein Quadrat mit 6 dm langen Seiten gelegt."

Abdul sagt: „Ich habe mit dem 2 m langen Gliedermaßstab ein Rechteck mit 2 dm und 8 dm langen Seiten gelegt."

Die Aussage von Danis ist falsch. $4 \cdot 6\,\text{dm} = 24\,\text{dm} = 2{,}4\,\text{m} > 2\,\text{m}$

5 Ergänze die Tabelle.

	Fläche ①	Fläche ②	Fläche ③	Fläche ④	Fläche ⑤	Fläche ⑥
Länge	20 km	12 cm	30 m	0,9 dm (9 cm)	70 mm (7 cm)	18 cm (1,8 dm)
Breite	20 km	5 cm	30 m	(9 cm) 0,9 dm	30 mm (3 cm)	7 cm (0,7 dm)
Umfang	80 km	34 cm	120 m	3,6 dm (36 cm)	20 cm (200 mm)	5 dm (50 cm)

Anwenden und Vernetzen

6 Seitenumfang des Arbeitsheftes

a) Ermittle den Umfang einer Seite dieses Arbeitsheftes. Runde sinnvoll.

$21\,\text{cm} + 29{,}7\,\text{cm} + 21\,\text{cm} + 29{,}7\,\text{cm} = 101{,}4\,\text{cm} = 10{,}14\,\text{dm} = 1{,}014\,\text{m}$

b) Ermittle den Umfang einer Doppelseite dieses Arbeitsheftes? Gib diesen in mehreren Einheiten an.

$42\,\text{cm} + 29{,}7\,\text{cm} + 42\,\text{cm} + 29{,}7\,\text{cm} = 143{,}4\,\text{cm} = 14{,}34\,\text{dm} = 1{,}434\,\text{m}$

c) Nina sagt: „Das ganze Arbeitsheft hat einen Umfang von rund 70 Seiten."
Was meint sie damit?

Das Wort Umfang kann in der Umgangssprache unterschiedlich verstanden werden.

Sie meint die Anzahl der Seiten im Arbeitsheft.

7 Ein 40 m langes rechteckiges Grundstück soll mit einem Holzzaun eingezäunt werden. Die Handwerker benötigen insgesamt 117 m Holzzaun, wobei die drei Meter lange Einfahrt frei bleibt.
Wie breit ist das Grundstück?

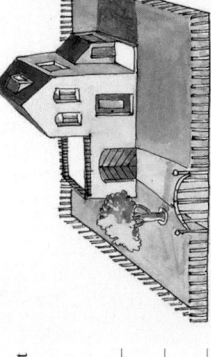

Umfang des Grundstücks: 117 m + 3 m = 120 m

Breite: (120 m − 2 · 40 m) : 2 = 20 m

Das Grundstück ist 20 m breit.

8 Ordne jeder Figur einen der folgenden gerundeten Umfänge zu. 8 cm; 10 cm; 12 cm

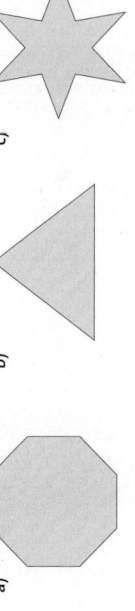

a) 8 cm
b) 8 cm
c) 12 cm
d) 10 cm

Achsensymmetrie erkennen und herstellen

▶ Grundwissen

Eine achsensymmetrische Figur kann so zusammengefaltet werden, dass dabei entstehende Teile genau aufeinander passen. Die Gerade, an der gefaltet wurde, heißt Symmetrieachse.

Das Verkehrszeichen hat eine Symmetrieachse.

▶ Auftrag: Wie viele Symmetrieachsen hat das Verkehrszeichen? Zeichne sie ein.

Trainieren

1 Welche der Figuren sind achsensymmetrisch?
Zeichne in diesen Figuren alle Symmetrieachsen ein.
Begründe gegebenenfalls, warum keine Achsensymmetrie vorliegt.

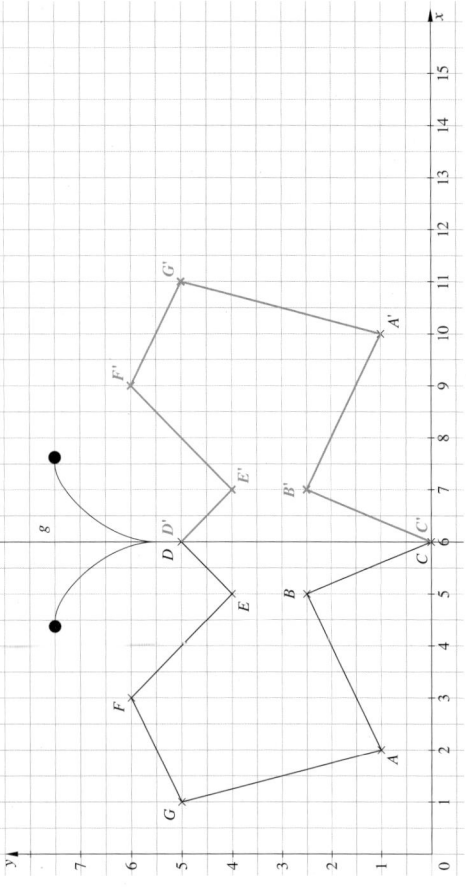

2 Ergänze so zu achsensymmetrischen Figuren, dass die Gerade g jeweils die Symmetrieachse ist.
Färbe Teile von Flächen so ein, dass die Achsensymmetrie erhalten bleibt.　　individuelle Lösungen

a)

b)

c)

3 Spiegele die Figur an der Geraden g.
Hinweis: Der Originalpunkt A hat den Bildpunkt A'.

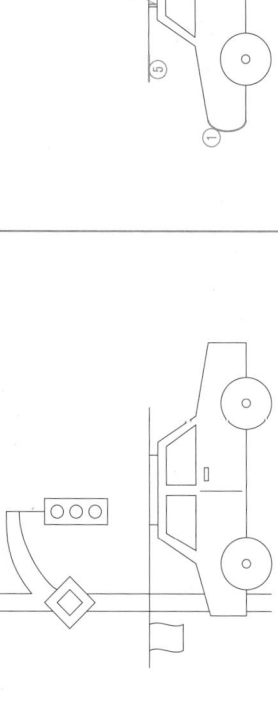

Anwenden und Vernetzen

4 Zeichne eine Symmetrieachse ein und markiere die 10 Fehler in der rechten Figur.

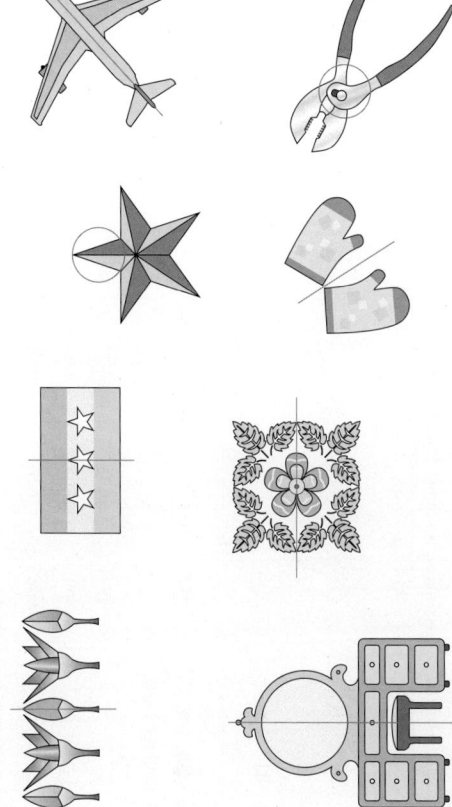

5 Färbe jeweils weitere Karos oder Teile von Karos ein, sodass eine achsensymmetrische Figur entsteht, die nur eine einzige Symmetrieachse hat. Zeichne die Symmetrieachse ein.

z. B.

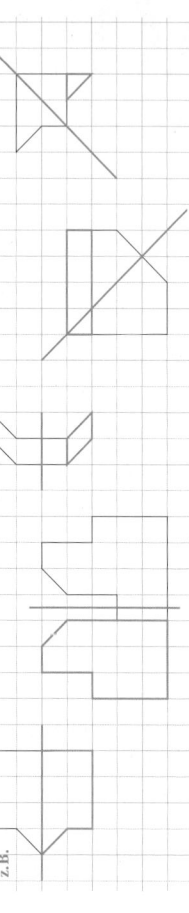

Punktsymmetrie erkennen und herstellen

▶ **Grundwissen**

Eine Figur, die man durch eine halbe Drehung wieder in sich überführen kann, heißt punktsymmetrische Figur. Der Symmetriepunkt ist jeweils ihr Mittelpunkt.

Das Symmetriezentrum ist der Schnittpunkt der Diagonalen der Karte.

▶ Auftrag: Gib den Symmetriepunkt der Spielkarte an.

Trainieren

1 Welche der folgenden Spielkarten sind punktsymmetrisch? Zeichne in diesen Bildern jeweils den Symmetriepunkt ein. Markiere gegebenenfalls, warum keine Punktsymmetrie vorliegt.

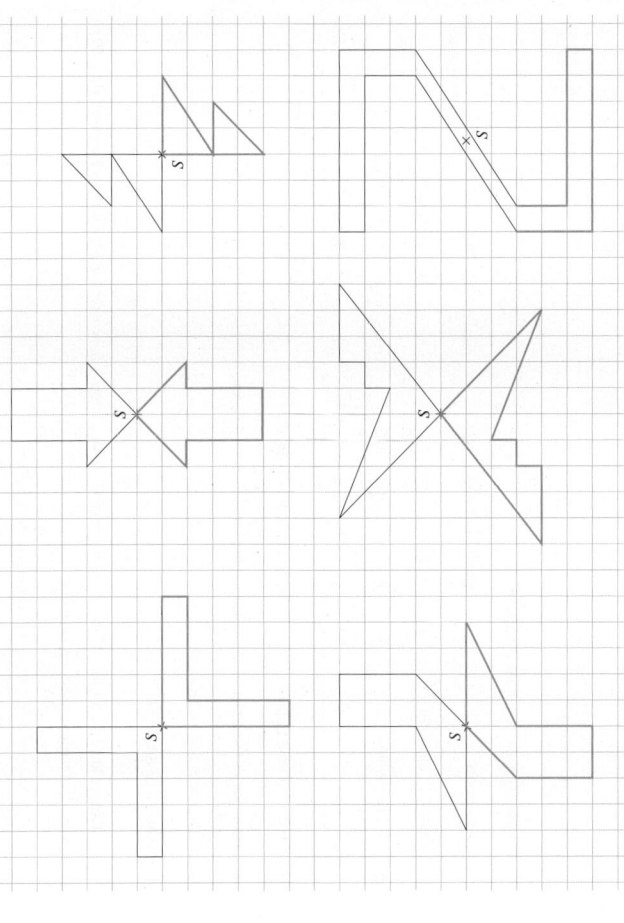

2 Markiere den Symmetriepunkt S, falls möglich.

a) punktsymmetrisch

b) punktsymmetrisch

c) punktsymmetrisch

d) punktsymmetrisch

e) nicht punktsymmetrisch

f) nicht punktsymmetrisch

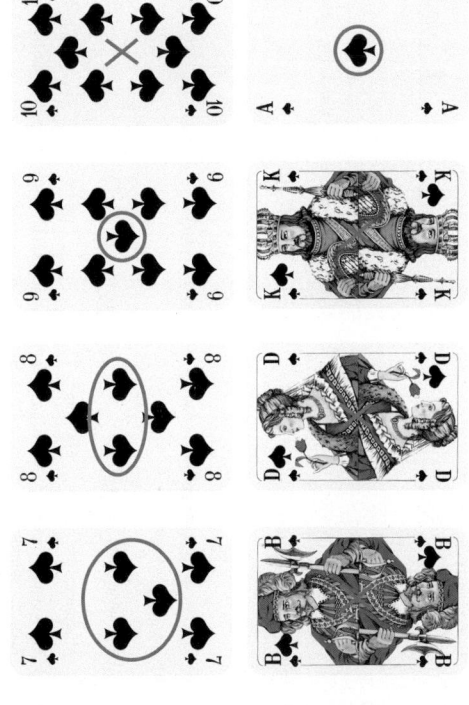

3 Ergänze zu punktsymmetrischen Figuren.

Anwenden und Vernetzen

4 Flächen

a) Kreuze die zutreffenden Eigenschaften in der Tabelle an. Betrachte dabei jeweils nur die abgebildeten Figuren.

	punktsymmetrische Figur	achsensymmetrische Figur
Quadrat	×	×
Raute	×	×
Rechteck	×	×
Parallelogramm	×	
Drachenviereck		×
Trapez		
gleichseitiges Dreieck		×
gleichseitiges Sechseck	×	×

b) Welche der abgebildeten Figuren haben mehr als zwei Symmetrieachsen?

Quadrat, gleichseitiges Dreieck; gleichseitiges Sechseck

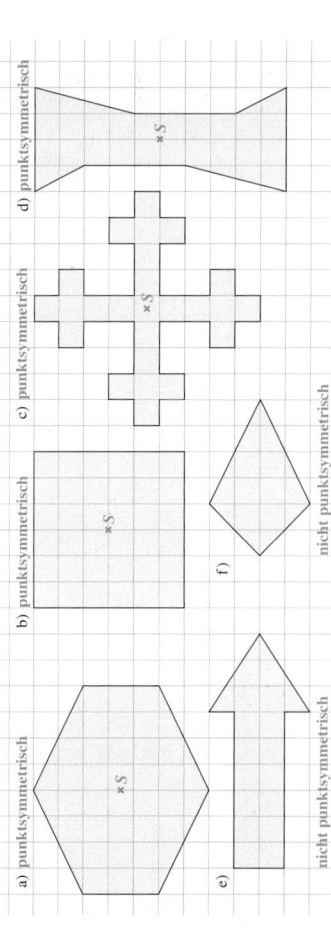

Quadrat
Rechteck
Raute
Parallelogramm
Drachenviereck
Trapez
gleichseitiges Dreieck
gleichseitiges Sechseck

Kapitel Daten

1 Jedes Symbol steht für zehn Bibliotheksbesucher. Stelle im Säulendiagramm die Anzahl der Bibliotheksbesucher pro Tag dar.

Montag (Mo.) 🧍🧍
Dienstag (Di.) 🧍🧍🧍🧍🧍
Mittwoch (Mi.) 🧍🧍
Donnerstag (Do.) 🧍🧍🧍🧍
Freitag (Fr.) 🧍🧍🧍🧍🧍🧍

Säulendiagramm: Anzahl der Bibliotheksbesucher
(y-Achse: 10, 20, 30, 40, 50, 60; x-Achse: Mo., Di., Mi., Do., Fr.)

2 Bestellte Getränke

	Wasser	Tee	Cola	Apfelsaft	Kirschsaft	Bananensaft	Orangensaft
Striche	⫴⫴	⫼⫼	⫼⫼⫼⫼⫼	⫼⫼⫼⫼⫼ ⫼⫼⫼⫼⫼ ⫼	⫼⫼⫼⫼⫼ ⫼⫼⫼⫼	⫼⫼⫼⫼⫼ ⫼⫼	⫼⫼⫼⫼⫼ ⫼⫼⫼⫼⫼
Anzahl	5	4	5	11	9	7	10

a) Trage jeweils die entsprechende Anzahl in der Tabelle ein.
b) Ergänze die Angaben.
geordnete Liste: 4; 5; 5; 7; 9; 10; 11
Minimum: __4__   Maximum: __11__   Spannweite: __7__   Zentralwert: __7__

c) Timo sagt: „Wir sind 25. Also kann jeder mindestens zwei Getränke bekommen haben." Kann das stimmen? Begründe deine Antwort mit einer Rechnung.
$4+5+5+7+9+10+11 = 51$ $51 : 2 = 25$ Rest 1   Es kann stimmen.

3 Gib das Minimum und die geordnete Liste an.
Summe der vier Werte: 20   Minimum: __2__   Maximum: 10   Spannweite: 8   Zentralwert: 4
geordnete Liste: 2; 4; 4; 10

4 Runde links jeweils auf die angegebene Stelle. Trage rechts, wo es sinnvoll ist, die gerundete Zahl ein und sonst die gegebene Zahl.
a) Runde auf Hunderter: $257 \approx 300$ Hans wohnt in der Schillerpromenade __257__.
b) Runde auf Tausender: $149\,647 \approx 150\,000$ Regensburg hat __150 000__ Einwohner.
c) Runde auf Zehner: $4808 \approx 4810$ Der höchste Berg der Alpen ist __4810__ m hoch.
d) Runde auf Zehner: $573 \approx 570$ Marias Schule hat __570__ Schüler.

Kapitel Zahlen und Größen

1 Welche Zahlen gehören zu den farbig markierten Stellen?
a) (Zahlenstrahl 0 … 50 …)   5; 25; 80; 100; 150; 210
b) (Zahlenstrahl 0 … 5000)   500; 1500; 4500; 9000; 11000; 14500

2 Welche Ziffern können jeweils für das Sternchen eingesetzt werden, damit wahre Aussagen entstehen?
a) $41\,475 < 41*85$ 4; 5; 6; 7; 8; 9
b) $1\,883\,215 > 188*215$ 0; 1; 2
c) $25\,580\,150 > 41*8\,500$ 0; 1; 2; 3; 4; 5; 6; 7; 8; 9
d) $832\,151 > 832\,15*$ 0

3 Vorgänger und Nachfolger
a) Gib eine vierstellige natürliche Zahl an, deren Vorgänger dreistellig ist. __1000__
b) Gib den Nachfolger von 999 999 mit Worten an. __eine Million__

4 Trage folgende Zahlen in die Stellenwerttafel ein.
a) zwölf Billionen dreißigtausendfünf
b) neun Milliarden sechzehntausenddreizehn
c) vier Milliarden dreihundert
d) achtundzwanzig Millionen vierhunderteintausend

	Billionen H	Z	E	Milliarden H	Z	E	Millionen H	Z	E	Tausender H	Z	E	H	Z	E
a)		1	2							0	3	0	0	0	5
b)						9				0	1	6	0	1	3
c)						4							3	0	0
d)								2	8	4	0	1	0	0	0

5 Rechne jeweils in die gegebene Einheit um.
a) $7 \text{ km} = 7000$ m
b) $85 \text{ cm } 5 \text{ mm} = 855$ mm
c) $780 \text{ dm} = 78$ m
d) $7800 \text{ g} = 7$ kg 800 g
e) $95 \text{ t} = 95000$ kg
f) $7500 \text{ mg} = 7,5$ g
g) $9999 \text{ ct} = 99,99$ €
h) $23 \text{ € } 25 \text{ ct} = 2325$ ct
i) $1,95 \text{ €} = 195$ ct
j) $7 \text{ d} = 168$ h
k) $1 \text{ h } 30 \text{ min} = 90$ min
l) $180 \text{ s} = 3$ min

6 Ergänze jeweils eine Einheit, so dass die Aussage wahr sein kann.
a) Eine Arbeitsheftseite ist ca. 200 __mm__ breit und 3 __dm__ hoch.
b) Ein Päckchen Saft wiegt ca. 0,2 __kg__.
c) Ein Atemzug dauert ca. 2 __s__.

7 Auf der Kirmes kann man 1 min 45 s Achterbahn für 5 € fahren, 2 min Autoscooter für 3 € und 90 s Karussell für 2,50 €.
a) Welche der Fahrten dauert am längsten?
Die Fahrten mit dem Autoscooter dauern am längsten.
b) Wie viel Euro kostet es insgesamt, wenn man jeweils eine Fahrt macht?
Insgesamt kostet es 10,50 €.

Kapitel Addieren und subtrahieren

1 Berechne.

a) $507 + 41 = \underline{548}$

b) $827 + 19 = \underline{846}$

c) $1027 + 88 = \underline{1115}$

d) $200 - 87 = \underline{113}$

e) $756 - 80 = \underline{676}$

f) $75600 - 80 = \underline{75520}$

g) $37 + 58 + 23 = \underline{118}$

h) $67 - 18 - 17 = \underline{32}$

i) $23 + 24 + 25 + 26 + 27 = \underline{125}$

2 Schreibe jeweils zuerst das Ergebnis des Überschlags auf. Rechne danach schriftlich.

a) 13000

	9	2	7	2
+	3	8	1	0
		1		
1	3	0	8	2

b) 14000

	6	8	0	6
+	5	8	2	1
+	1	4	8	0
	1	2	1	
1	4	1	0	7

c) 5000

	7	0	3	0
−	1	8	2	3
	1		1	
5	2	0	7	

d) 6300

	8	6	4	5
−		3	2	2
−	1	9	5	7
	1	1	1	
6	3	6	6	

3 Ergänze jeweils die fehlenden Klammern.

a) $28 + 9 - (33 + 4) = 0$

b) $64 - (13 + 45) + 4 = 10$

Klammern
zum Abstreichen: (;) ; (;)

4 Ermitle das Ergebnis.

a) Subtrahiere die Differenz von 52 und 24 von der Summe von 48 und 7.

$(48 + 7) - (52 - 24) = 55 - 28 = 27$

b) Der Subtrahend ist um 11 größer als der Minuend. Welchen Wert hat die Differenz?

Die Differenz ist 11.

5 Wenn die Sonne an einem Ort am höchsten steht, ist an diesem Ort 12:00 Uhr mittags.
Dies ist nicht überall gleichzeitig der Fall, deshalb wurde die Erde in Zeitzonen unterteilt.

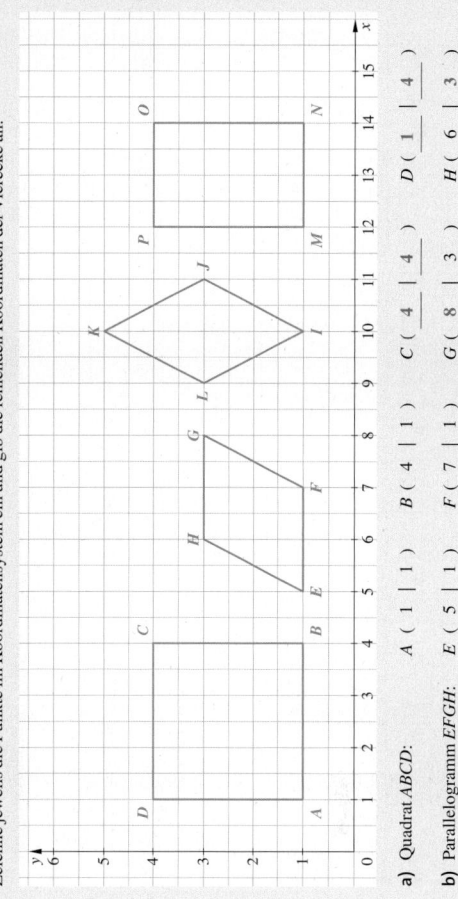

a) Wie spät ist es etwa in Südafrika,
wenn es bei uns 12:00 Uhr mittags ist?

13:00Uhr

b) Wie spät ist es etwa in Australien,
wenn es bei uns 12:00 Uhr mittags ist?

zwischen 19:00 und 21:00 Uhr

c) Wie spät ist es etwa auf Grönland,
wenn es in Südafrika 19:00 Uhr ist?

zwischen 13:00 und 15:00 Uhr

d) Stelle eine weitere Aufgabe und löse diese.

individuelle Lösung

Kapitel Geometrische Figuren zeichnen

1 Entdecken von zueinander parallelen und senkrechten Strecken

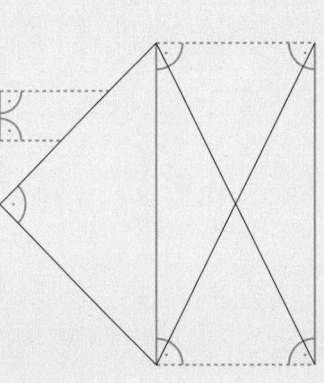

a) Markiere jeweils zueinander parallel verlaufende Strecken
mit der gleichen Farbe.

b) Markiere jeweils zueinander senkrecht verlaufende
Strecken.

c) Welche Viereckarten enthält die Figur?
Kreuze an.

☐ Quadrat

☒ Rechteck

☒ Parallelogramm

☐ Raute

2 Zeichnen von zueinander parallelen und senkrechten Geraden

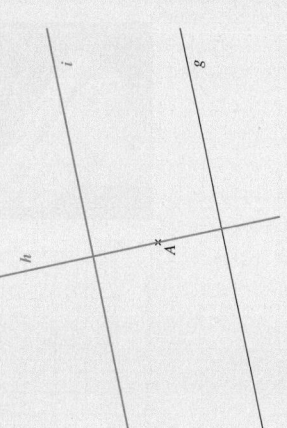

a) Zeichne eine Senkrechte h zu g durch den Punkt A.

b) Zeichne eine Parallele i zu g durch den Punkt B.

c) Gib den Abstand der Geraden i und g an. ___25 mm___

3 Zeichne jeweils die Punkte im Koordinatensystem ein und gib die fehlenden Koordinaten der Vierecke an.

a) Quadrat *ABCD*: $A (1 | 1)$ $B (4 | 1)$ $C (4 | \underline{4})$ $D (\underline{1} | 4)$

b) Parallelogramm *EFGH*: $E (5 | 1)$ $F (7 | 1)$ $G (8 | 3)$ $H (6 | \underline{3})$

c) Raute *IJKL*: $I (10 | 1)$ $J (11 | 3)$ $K (10 | \underline{5})$ $L (\underline{9} | 3)$

d) Rechteck *MNOP*: $M (12 | 1)$ $N (14 | 1)$ $O (14 | 4)$ $P (12 | \underline{4})$

Kapitel Multiplizieren und dividieren

1 Berechne.

a) 50 · 4 = 200
b) 2 · 19 = 38
c) 60 : 6 = 10
d) 72 : 9 = 8
e) 60 · 11 = 660
f) 12 · 15 = 180
g) 660 : 11 = 60
h) 450 : 90 = 5

2 Überschlage zuerst. Dividiere danach schriftlich. Rechne jeweils die Probe.

a) 700 : 7 = 100
b) 4500 : 9 = 500
c) 8000 : 10 = 800

```
1 0 1 5 : 7 = 1 4 5        4 6 8 9 : 9 = 5 2 1      8 1 1 2 : 1 3 = 6 2 4
7                          4 5                      7 8
3 1                        1 8                      3 1
2 8                        1 8                      2 6
3 5                        0 9                      5 2
3 5                          9                      5 2
  0                          0                        0
```

Probe:
```
1 4 5 · 7        5 2 1 · 9        6 2 4 · 1 3
1 0 1 5          4 6 8 9          6 2 4
                                  1 8 7 2
                                  8 1 1 2
```

3 Berechne vorteilhaft.

a) 27 · 2 · 5 = 27 · 10 = 270
b) 25 · 7 · 4 = 100 · 7 = 700
c) 55 · 8 · 5 = 55 · 40 = 2200
d) (37 + 3) · 5 = 40 · 5 = 200
e) (30 + 2) · 11 = 330 + 22 = 352
f) 53 · (12 − 2) = 53 · 10 = 530
g) (40 + 8) : 4 = 10 + 2 = 12
h) (30 + 36) : 11 = 66 : 11 = 6
i) (180 − 36) : 9 = 20 − 4 = 16

4 Bilde das Produkt und den Quotienten von 18 und 9.

Produkt: 18 · 9 = 162
Quotient: 18 : 9 = 2

5 Lea und Ole haben in mehreren Reisebüros Angebote für eine Gruppenfahrt zu einem Outdoor-Parcour mit 25 Schülern erstellen lassen. Vergleiche beide Angebote.

Das beste Angebot von Ole ist: Ein Busunternehmen fährt alle für insgesamt 420 €.
Das beste Angebot von Lea ist: Jeder Schüler zahlt 16,70 € für die Fahrt.

z. B.

Oles Angebot: Jeder zahlt 16,80 € (1680 ct) für die Fahrt.

Leas Angebot: Insgesamt sind 417,50 € (41750 ct) zu zahlen.

Leas Angebot ist etwas preiswerter als das von Ole.

```
4 2 0 0 0 : 2 5 = 1 6 8 0        1 6 7 0 · 2 5 = 4 1 7 5 0
2 5                                3 3 4 0
1 7 0                              8 3 5 0
1 5 0                                    1
2 0 0                              4 1 7 5 0
2 0 0
    0 0
      0
```

Kapitel Brüche und Verhältnisse

1 Veranschauliche die Brüche.
z. B.

a) $\frac{1}{4}$ b) $\frac{2}{3}$ c) $\frac{1}{6}$ d) $\frac{1}{4}$ e) $\frac{2}{5}$ f) $\frac{3}{20}$

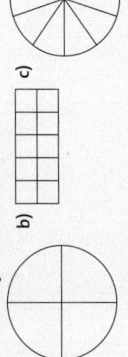

2 Schreibe entsprechende Brüche auf.

a)   b)   c)   d)   e)   f)

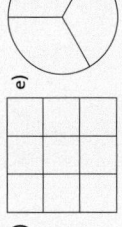    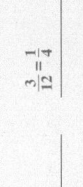

Der beige eingefärbte Anteil ist … eines Ganzen.

$\frac{3}{4}$ $\frac{7}{10}$ $\frac{3}{10}$ $\frac{9}{12}\left(=\frac{3}{4}\right)$

Der beige eingefärbte Anteil ist … kleiner als ein Ganzes.

$\frac{1}{4}$ $\frac{3}{10}$ $\frac{7}{10}$ $\frac{3}{12}=\frac{1}{4}$

$\frac{2}{3}$ $\frac{5}{9}$ $\frac{2}{3}$

$\frac{1}{3}$ $\frac{4}{9}$ $\frac{1}{3}$

3 Nimm ein Blatt Papier, halbiere viermal nacheinander und falte es danach auseinander.

a) Skizziere das Ergebnis.

b) Lege zuerst Farben fest und markiere entsprechend. Ermittele danach den Anteil der nicht markierten Fläche.

□ $\frac{1}{32}$ □ $\frac{1}{2}$ □ $\frac{1}{8}$

Nicht markiert sind $\frac{11}{32}$.

$\frac{1}{32}$ $\frac{1}{2}$ $\frac{1}{8}$

  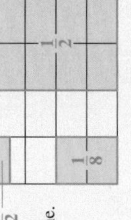

4 Bruchteile von Größen.

	48 m	72 cm	240 g	96 t	2,40 €	1 d
$\frac{1}{8}$ von … sind …	6 m	9 cm	30 g	12 t	0,30 € (30 ct)	3 h
$\frac{3}{8}$ von … sind …	18 m	27 cm	90 g	36 t	0,90 € (90 ct)	9 h
$\frac{2}{3}$ von … sind …	32 m	48 cm	160 g	64 t	1,60 € (160 ct)	16 h

5 Ergänze die fehlenden Angaben.

Maßstab	1:2	1:5	1:100	4:1	10:1	2:5
Länge im Bild	10 cm	5 cm	1 cm	12 m	20 dm	4 dm
Länge im Original	20 cm	25 cm	1 m	3 m	2 dm	10 dm

Kapitel Symmetrie

1 Zeichne alle Symmetrieachsen und -punkte ein und kreuze Zutreffendes an.

a)

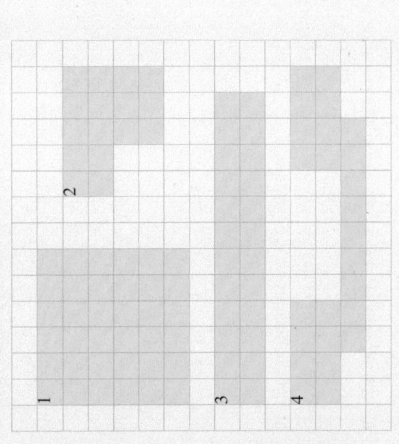

☐ achsensymmetrisch
☒ punktsymmetrisch
☐ nichts von beidem

b)

☒ achsensymmetrisch
☐ punktsymmetrisch
☐ nichts von beidem

c)

☐ achsensymmetrisch
☐ punktsymmetrisch
☒ nichts von beidem

d)

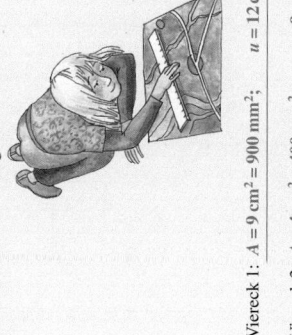

☒ achsensymmetrisch
☒ punktsymmetrisch
☐ nichts von beidem

2 Zeichne die Spiegelachsen ein und benenne die Punkte.

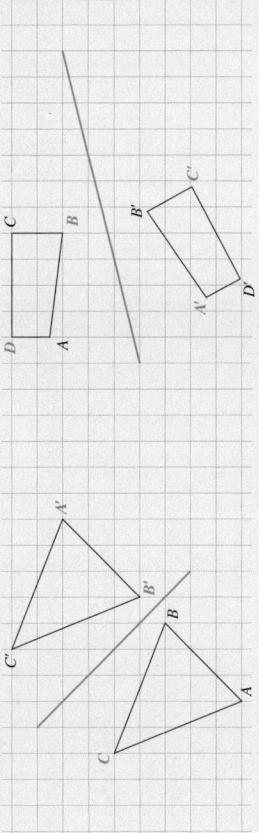

3 Ergänze zu Sternen.

a) Achsensymmetrischer Stern

b) Punktsymmetrischer Stern

4 Vierecke welcher Art sind achsen- und auch punktsymmetrisch? Kreuze an.

☒ Quadrat   ☒ Rechteck   ☐ Parallelogramm   ☒ Raute

Kapitel Flächen und Flächeninhalte

1 Gib die Flächeninhalte in Quadratzentimeter und Quadratmillimeter an und die Umfänge in Zentimeter.

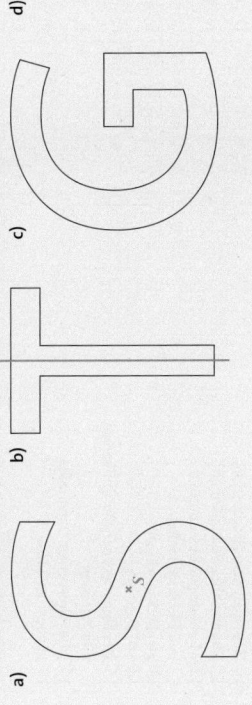

Viereck 1: $A = 9\,cm^2 = 900\,mm^2$; $u = 12\,cm$

Viereck 2: $A = 4\,cm^2 = 400\,mm^2$; $u = 9\,cm$

Viereck 3: $A = 6\,cm^2 = 600\,mm^2$; $u = 14\,cm$

Viereck 4: $A = 6,25\,cm^2 = 625\,mm^2$; $u = 18\,cm$

2 Rechne jeweils in die gegebene Einheit um.

a) $507\,000\,m^2 = \underline{50\,700\,000}\;\;dm^2$

b) $970\,000\,dm^2 = \underline{9700}\;\;m^2$

c) $802\,000\,000\,m^2 = \underline{802}\;\;km^2$

d) $8500\,mm^2 = \underline{85}\;\;cm^2$

e) $20\,cm^2 = \underline{2000}\;\;mm^2$

f) $2,5\,ha = \underline{250}\;\;a$

3 Maria hat ihr Zimmer ausgemessen und gezeichnet. Die Längen sind in Meter angeben.

a) Berechne, wie groß ihr Zimmer ist.

z. B.

$360\,cm \cdot 350\,cm - 130\,cm \cdot 200\,cm$
$= 100\,000\,cm^2 = 10\,m^2$

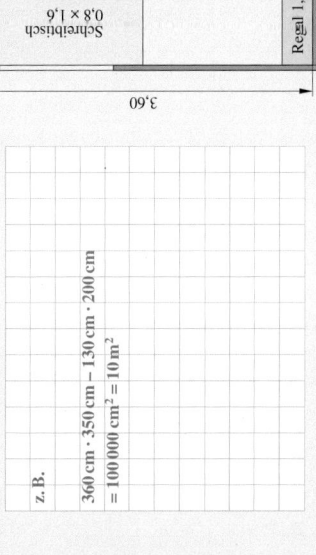

Ihr Zimmer ist $10\,m^2$ groß.

b) Sie schätzt, dass auf der Hälfte der Fläche des Zimmers Möbel steh en.
Kann das stimmen?

Bett: $2\,m^2$;   Schränke: $1\,m^2$;   Regal 1: $0,45\,m^2$;   Schreibtisch : $1,28\,m^2$;   Regal 2: $0,36\,m^2$;   Summe: $5,09\,m^2$

Auf knapp der Hälfte der Fläche stehen Möbel. Mit Stuhl ist es etwa die Hälfte. Marias Vermutung stimmt.

Jahrgangsstufentest

1 Anja hat die jeweils gewürfelte Augenzahl aufgeschrieben:

1; 5; 4; 6; 5; 3; 2; 2; 1; 4; 6; 3; 3; 6;
4; 2; 5; 5; 3; 2; 4; 5; 1; 6; 6; 3; 5; 6.

a) Fertige eine Strichliste an.

b) Veranschauliche die Daten in einem Säulendiagramm.

gewürfelte Augenzahl	Anzahl
1				
2					
3	ЖHt
4					
5	ЖHt	
6	ЖHt	

2 Ergänze die Tabelle.

Runde auf …	Zehner	Hunderter	Tausender	Zehntausender
17 569	17 570	17 600	18 000	20 000
127 899	127 900	127 900	128 000	130 000

3 Rechne jeweils in die gegebene Einheit um.

a) 5000 cm = __500__ dm   b) 97 km = __97 000__ m

c) 82 700 cm² = __827__ dm²   d) 27 cm² = __2 700__ mm²

e) 823 000 g = __823__ kg   f) 27 t = __27 000__ kg

g) 180 min = __3__ h   h) 5 d = __120__ h

4 Haus im Koordinatensystem

a) Gib die Koordinaten der Punkte an.

A (1 | 1) B (7 | 1)

C (7 | 4) D (4 | 6)

E (1 | 4)

b) Welche Strecken sind parallel zueinander?

$\overline{AE} \parallel \overline{BC}$

c) Welche Strecken sind senkrecht zueinander?

$\overline{AB} \perp \overline{BC}$; $\overline{AB} \perp \overline{AE}$

d) Gib den Flächeninhalt und den Umfang vom Viereck $ABCE$ an.

$A = 18\text{ cm}^2$; $u = 18\text{ cm}$

---

5 Herr Schmidt hat 6832 € gewonnen. Er will das Geld gleichmäßig unter seinen sieben Enkeln aufteilen.

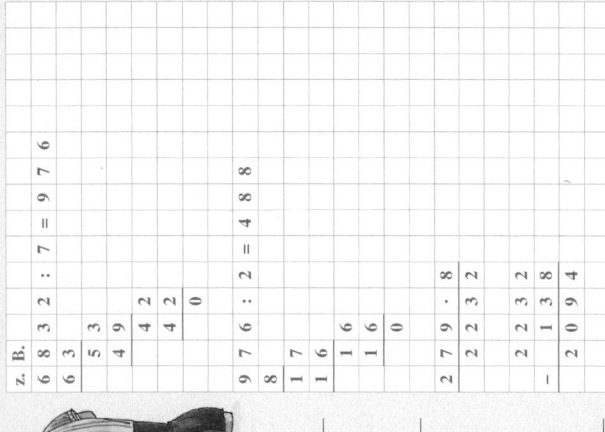

a) Wie viel Euro erhält jedes Kind?

```
z. B.
6 8 3 2 : 7 = 9 7 6
6 3
  5 3
  4 9
    4 2
    4 2
      0
```

Jedes Kind erhält 976 €.

b) Wie viel Euro erhält jedes Kind, wenn Herr Schmidt die Hälfte für sich behält?

```
9 7 6 : 2 = 4 8 8
8
1 7
1 6
  1 6
  1 6
    0
```

Jedes Kind erhält nur 488 €.

c) Herr Schmidt und seine Enkel wollen sich vom Gewinn einen Kurzurlaub leisten. Pro Person sind dafür 279 € an das Reisebüro zu überweisen. Jedoch, wenn alle gleichzeitig bezahlen, gibt es 138 € Rabatt. Wie viel Euro sind mindestens insgesamt an das Reisebüro zu überweisen?

```
2 7 9 · 8
2 2 3 2
- 1 3 8
2 0 9 4
```

Insgesamt sind 2 094 € zu überweisen.

6 Trage die gesuchten Begriffe in die Kästchen ein. Wenn alles richtig ist, ergibt sich ein Lösungswort.

1. Linie mit Anfangs- und Endpunkt
2. Figurendiagramm
3. Fachwort für einen Teil des Quotienten
4. Währungseinheit
5. Ermitteln von Näherungswerten nach festgelegten Regeln
6. kleinster Wert einer Datenreihe
7. Einheit der Zeit
8. Fachwort für einen Teil der Differenz
9. spezielles Rechteck
10. Zahl über dem Bruchstrich
11. Summe aller Seitenlängen
12. Methode zur Bestimmung von Flächeninhalten
13. zweite Koordinate
14. 10^3 steht für …
15. Rechengesetz der Multiplikation und Addition
16. Mittelwert einer Datenreihe
17. Einheit der Masse

```
 1.  S T R E C K E
 2.    P I K T O G R A M M
 3.  D I V I S O R
 4.        E U R O
 5.      R U N D E N
 6.        M I N I M U M
 7.      S T U N D E
 8.  S U B T R A H E N D
 9.  Q U A D R A T
10.      Z Ä H L E R
11.      U M F A N G
12.        A U S L E G E N
13.          Y -Wert
14.    T A U S E N D
15.  K O M M U T A T I V G E S E T Z
16.  Z E N T R A L W E R T
17.        G R A M M
```

Notizen

Inhaltsverzeichnis

Dieses Heft gehört:

Klasse:

Daten erheben und auswerten

▶ Grundwissen

- Das Minimum ist der kleinste Wert einer Datenreihe.
- Das Maximum ist der größte Wert einer Datenreihe.
- Die Spannweite gibt den Unterschied zwischen Maximum und Minimum an.
- Der Zentralwert (Median) halbiert die geordnete Liste.

Beispiel: Anzahl der Treffer: 4; 5; 7; 3; 3; 4; 7; 8; 3
geordnete Liste: 3; 3; 3; 4; 4; 5; 7; 7; 8

Minimum: ____   Maximum: ____

Spannweite: ____   Zentralwert: ____

▶ **Auftrag:** Ergänze das Beispiel.

Trainieren

1 Unterstreiche jeweils das Minimum rot und das Maximum blau. Gib die Spannweite an.

a) 1; 3; 5; 6; 8; 10

Spannweite: ____

b) 11; 13; 17; 12; 8; 10

Spannweite: ____

c) 31; 13; 15; 61; 82; 10

Spannweite: ____

d) 9; 0; 5; 8; 8; 21

Spannweite: ____

e) 51; 45; 5; 6; 18; 24

Spannweite: ____

f) 78; 23; 48; 78; 18; 36

Spannweite: ____

2 Ordne die Zahlen der Größe nach und gib jeweils den Zentralwert an.
Hinweis: Bei einer geraden Anzahl ist der Zentralwert der gemittelte Wert beider in der Mitte stehenden Werte.

a) 7; 8; 5; 6; 8; 5; 8

_____

Zentralwert: ____

b) 17; 12; 18; 13; 6; 17; 8

_____

Zentralwert: ____

c) 41; 13; 25; 61; 22; 10; 15

_____

Zentralwert: ____

d) 7; 0; 5; 9; 9; 21

_____

Zentralwert: ____

e) 51; 45; 5; 6; 18; 22

_____

Zentralwert: ____

f) 78; 23; 46; 78; 12; 36

_____

Zentralwert: ____

3 Ergänze die Angaben zum Wetter.

Düsseldorf	Jan.	Feb.	März	April	Mai	Juni	Juli	Aug.	Sept.	Okt.	Nov.	Dez.
Sonnenstunden pro Tag	2	2	3	5	7	7	6	7	5	3	2	1
Tagestemperaturen in °C	5	8	11	15	20	22	23	24	20	14	8	5
Niederschlagstage pro Monat	12	13	15	13	11	13	11	7	11	13	14	16

a) geordnete Liste zu den „Sonnenstunden pro Tag": _____

Minimum: ____   Maximum: ____   Spannweite: ____   Zentralwert: ____

b) geordnete Liste zu den „Tagestemperaturen in °C": _____

Minimum: ____   Maximum: ____   Spannweite: ____   Zentralwert: ____

c) geordnete Liste zu den „Niederschlagstagen pro Monat": _____

Minimum: ____   Maximum: ____   Spannweite: ____   Zentralwert: ____

4 Lieblingsfarben der Schülerinnen und Schülern der fünften Klassen

Farbe	rot	blau	gelb	grün	schwarz	braun	lila	rosa	weiß
Striche	卌	卌 IIII	II	IIII	III	II	卌	卌 I	III
Anzahl									

a) Trage jeweils die entsprechende Anzahl in der Tabelle ein.

b) Ergänze die Angaben.

geordnete Liste: _____

Minimum: _____   Maximum: _____   Spannweite: _____   Zentralwert: _____

Farben nach Beliebtheit sortiert: _____

Anwenden und Vernetzen

5 Bowlingergebnisse

a) Ordne zuerst die Ergebnisse. Ermittle danach das Minimum, das Maximum, die Spannweite und den Zentralwert.

Punkte von Anna: 4; 7; 9; 4; 6; 9; 2; 3; 11; 12   Punkte von Erik: 4; 17; 18; 7; 5; 7; 11; 4; 5; 16

geordnete Liste: _____   geordnete Liste: _____

Minimum: _____   Maximum: _____   Minimum: _____   Maximum: _____

Spannweite: _____   Zentralwert: _____   Spannweite: _____   Zentralwert: _____

Punkte von Luise: 3; 15; 18; 7; 9; 3; 11; 1; 2; 10   Punkte von Benito: 0; 8; 22; 3; 19; 14; 17; 11; 5; 8

_____   _____

_____   _____

_____   _____

b) Ermittle den Sieger nach Punkten.

_____

_____

c) Paul sagt: „Ich habe bei fünf Versuchen mindestens 7 Punkte und höchstens 14 Punkte erreicht. Der Zentralwert ist 8. Ingesamt sind es 50 Punkte."
Schreibe Pauls Punkte als geordnete Liste auf.

_____

d) Bei einer Umfrage wurden 50 Schülerinnen und Schülern der fünften Klassen gefragt, in welchem Verein sie sind. Alle waren in einem Verein. Wie viele können maximal in mehreren Vereinen sein?

Handball	Schwimmen	Tennis	Fußball	Bowling	Turnen
卌 IIII	卌 III	IIII	卌 卌 卌	III	卌 卌 卌 III

_____

Daten darstellen

▶ Grundwissen

Daten können unterschiedlich dargestellt werden, z. B. mit Texten, Listen, Tabellen, Diagrammen, ...

Beispiel: Haustiere der 5a

Tiere	Anzahl
Hunde	|||
Katzen	⊬⊬ ||
Vögel	
Hamster	⊬⊬	

Strichliste

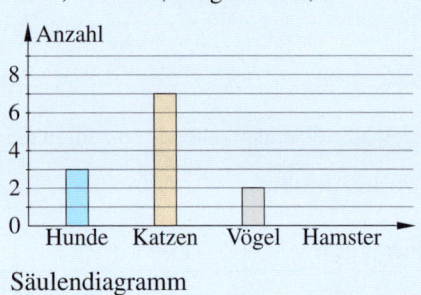

Säulendiagramm

▶ **Auftrag:** Ergänze die Strichliste und das Säulendiagramm.

Trainieren

1 Ergänze die Tabellen.

a) Lena, Axel und Noah haben ihre Siege beim Würfeln erfasst.

Person	Anzahl
Lena	
Alex	
Noah	

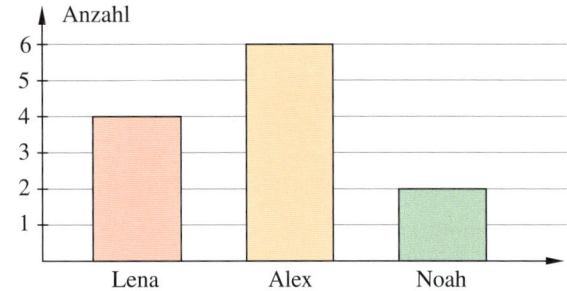

b) Die Leiterin einer Bäckereikette veranschaulichte die Anzahl ihrer Verkäuferinnen.

Ort	Verkäuferinnen
Köln	
Berlin	
Frankfurt	
Hannover	

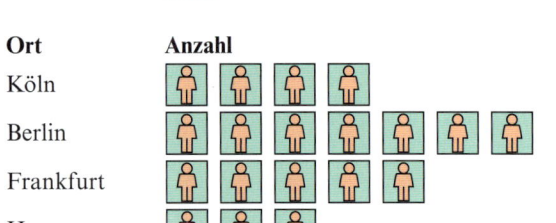

steht für jeweils 3 Verkäuferinnen.

2 Dauerlauf

a) Veranschauliche die Ergebnisse im Diagramm.

Anzahl der Runden	Anzahl der Schüler
5					
6	⊬⊬ ||
7	⊬⊬ |||
8				

b) Ergänze die Angaben zur Anzahl der Schüler.

Minimum: _____   Maximum: _____   Spannweite: _____

3 Paul notierte in einer Strichliste die Anzahl der Autos jeder Marke, die vorbeifuhren.
Es kamen vier Opel, sieben Volkswagen, drei Mercedes, zwei Fords, fünf Renaults und ein Mazda vorbei.

a) Stelle Pauls Daten in einem Säulendiagramm dar.

b) Ergänze die Angaben zur Anzahl der Autos der Marken.

Minimum: ____

Maximum: ____

Spannweite: ____

Anwenden und Vernetzen

4 In einem Diagramm wurden die Einwohnerzahlen dreier Dörfer dargestellt.

a) Lies die Einwohnerzahlen ab.

Niedermehnen: _____

Alt Windeck: _____

Welda: _____

Niedermehnen

Alt Windeck

Welda

1000   5000   Einwohner

b) Welches Dorf hat die meisten Einwohner?
Begründe deine Antwort mithilfe des Diagramms.

c) Stimmt es, dass Alt Windeck 2000 Einwohner mehr hat als Welda?
Nenne zwei Möglichkeiten, wie man das feststellen kann.

d) Berechne, wie viele Einwohner die drei Dörfer insgesamt haben.

e) Schätze, wie viele Einwohner dein Heimatort hat.
Wie bist du vorgegangen?

Runden

▶ Grundwissen

• Bei den Ziffern _____ wird abgerundet.   Beispiele: 7 5 <u>4</u> ≈ 7 5 0

• Bei den Ziffern _____ wird aufgerundet.   7 <u>5</u> 4 ≈ 8 0 0

▶ **Auftrag:** Ergänze die Ziffern.

Trainieren

1 Unterstreiche jeweils die Ziffer, anhand derer über auf- bzw. abrunden entschieden wurde.
Hinweis: Unterstreiche mehrere Ziffern, wenn es mehrere Möglichkeiten gibt.

a) $42 ≈ 40$ b) $45 ≈ 50$ c) $417 ≈ 420$ d) $484 ≈ 480$

e) $8\,821 ≈ 9\,000$ f) $4\,261 ≈ 4\,300$ g) $44\,717 ≈ 45\,000$ h) $48\,973 ≈ 48\,970$

i) $99 ≈ 100$ j) $78\,991 ≈ 80\,000$ k) $9\,989 ≈ 9\,990$ l) $29\,996 ≈ 30\,000$

2 Runde jeweils auf die grün markierte Stelle.

a) $82 ≈$ _____   b) $75 ≈$ _____   c) $1\,427 ≈$ _____   d) $4\,784 ≈$ _____

e) $81\,831 ≈$ _____   f) $42\,615 ≈$ _____   g) $71\,747 ≈$ _____   h) $4\,868 ≈$ _____

i) $909 ≈$ _____   j) $2\,892 ≈$ _____   k) $999 ≈$ _____   l) $4\,989 ≈$ _____

3 Markiere mit einer Linie, bis zu welchen Räumen man den Fluchtweg A nehmen sollte.

4 Auf welche Stelle wurde gerundet?
Kreuze an.

a) $4\,588\,918 ≈ 4\,588\,900$ ☐ Zehner   ☐ Hunderter   ☐ Tausender   ☐ Zehntausender   ☐ Millionen

b) $4\,588\,918 ≈ 4\,589\,000$ ☐ Zehner   ☐ Hunderter   ☐ Tausender   ☐ Zehntausender   ☐ Millionen

c) $4\,588\,918 ≈ 5\,000\,000$ ☐ Zehner   ☐ Hunderter   ☐ Tausender   ☐ Zehntausender   ☐ Millionen

d) $776\,088 ≈ 776\,090$ ☐ Zehner   ☐ Hunderter   ☐ Tausender   ☐ Zehntausender   ☐ Millionen

e) $89\,324 ≈ 90\,000$ ☐ Zehner   ☐ Hunderter   ☐ Tausender   ☐ Zehntausender   ☐ Millionen

5 Ergänze die Tabelle.

Runde …	16 736	321 483	73 698	196 542
auf Zehntausender				
auf Tausender				
auf Hunderter				
auf Zehner				

6 Runde …

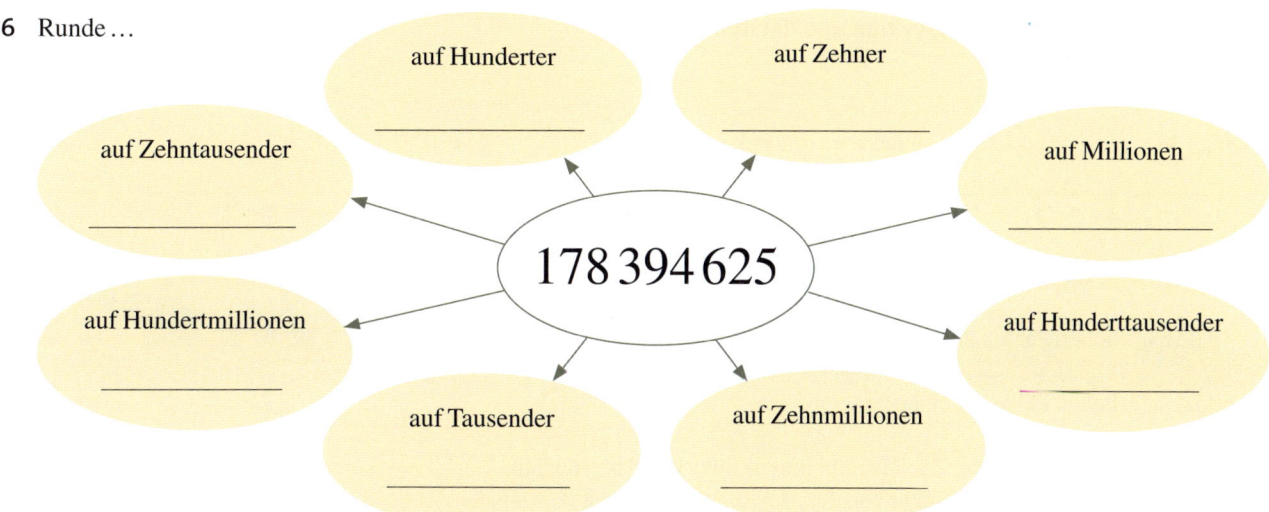

auf Hunderter

_____

auf Zehner

_____

auf Zehntausender

_____

auf Millionen

_____

178 394 625

auf Hundertmillionen

_____

auf Hunderttausender

_____

auf Tausender

_____

auf Zehnmillionen

_____

Anwenden und Vernetzen

7 Die BRD hat 16 Bundesländer, die unterschiedlich viele Einwohner haben und unterschiedlich groß sind.

a) Ergänze die Tabelle.

	Einwohner am 31. Dezember 2009		Fläche in Quadratkilometern	
	„genau"	gerundet auf Mio.	„genau"	gerundet auf Tausender
Nordrhein-Westfalen	17 872 763		34 088	
Bayern	12 510 331		70 550	
Baden-Württemberg	10 744 921		35 751	
Niedersachsen	7 928 815		47 635	
Hessen	6 061 951		21 115	
Sachsen	4 168 732		18 420	
Rheinland-Pfalz	4 012 675		19 854	
Berlin	3 442 675		892	
Schleswig-Holstein	2 832 027		15 799	
Brandenburg	2 511 525		29 482	
Sachsen-Anhalt	2 356 219		20 449	
Thüringen	2 249 882		16 172	
Hamburg	1 774 224		755	
Mecklenburg-Vorpommern	1 651 216		23 189	
Saarland	1 022 585		2 569	
Bremen	661 716		404	

b) Schreibe die fünf Bundesländer auf, die die größte Fläche haben. Beginne mit dem größten Bundesland.

_____

c) Welche Bundesländer haben zusammen etwa so viele Einwohner wie Nordrhein-Westfalen? Nenne ein Beispiel.

_____

Natürliche Zahlen ordnen, vergleichen und darstellen

▶ **Grundwissen**

• Die Menge der natürlichen Zahlen wird mit $\mathbb{N}$ bezeichnet. $\mathbb{N} = \{0; 1; 2; 3; 4; 5; \dots\}$

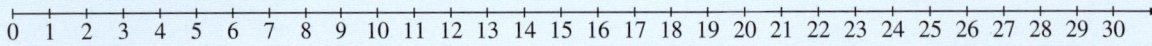

0 1 2 3 4 5 6 7 8 9 10 11 12 13 14 15 16 17 18 19 20 21 22 23 24 25 26 27 28 29 30

• Die kleinste natürliche Zahl ist _____

• Alle natürlichen Zahlen außer 0 haben einen _____

• Alle natürlichen Zahlen haben einen _____

• Die kleinere Zahl steht am Zahlenstrahl immer links von der größeren.
Der Wert einer Zahl ist abhängig von der Stellung der Ziffern innerhalb der Zahl.

▶ **Auftrag:** Ergänze die Sätze.

Trainieren

1 Vervollständige die Tabelle.

Vorgänger				69	699	98			
Zahl	7	17	107						
Nachfolger							991	201	1001

2 Schreibe alle Zahlen auf, die dazwischen liegen.

a) Zwischen 7 und 12 liegen _____

b) Zwischen 78 und 82 liegen _____

c) Zwischen 297 und 301 liegen _____

d) Zwischen 998 und 1002 liegen _____

e) Zwischen 63 und 59 liegen _____

f) Zwischen 802 und 798 liegen _____

3 Welche Zahlen gehören zu den farbig markierten Stellen?

a)

0   100   200   300

b)

0   1 000   2 000

4 Markiere auf dem Zahlenstrahl.

a) 80; 110; 30; 150; 65; 40; 25; 125

b) 8 000; 16 000; 14 000; 1 000; 6 000; 11 000; 3 000

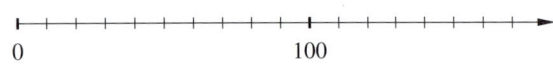

0   100

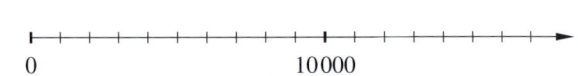

0   10 000

5 Vergleiche.

a) 332 ☐ 323

b) 6 576 ☐ 564

c) 1 857 ☐ 987

d) 305 ☐ 350

e) 278 ☐ 287

f) 476 ☐ 76

g) 9 762 ☐ 9 762

h) 35 329 ☐ 35 432

i) 254 332 ☐ 254 323

j) 496 576 ☐ 78 564

k) 1 857 762 ☐ 99 987

l) 305 999 ☐ 350 444

m) 278 378 ☐ 287 323

n) 476 576 ☐ 76 576

o) 899 762 ☐ 899 762

p) 305 329 ☐ 350 432

6 Welche Ziffern können jeweils für das Sternchen eingesetzt werden, damit wahre Aussagen entstehen?

a) $564 < 5*4$ _____

b) $987*54 < 987\,354$ _____

c) $6\,214 > 6\,21*$ _____

d) $1\,208\,104 > 1\,208\,*04$ _____

7 Ordne die Zahlen nach der Größe. Beginne mit der kleinsten Zahl. $5\,203$; 235; 523; $2\,305$; $5\,230$; 253; $2\,053$; $5\,032$

_____

8 Trage die Zahlen in die Stellenwerttafel ein.

a) sechsundsiebzig Millionen sieben
b) zwanzig Milliarden fünftausend
c) achthundertacht Milliarden achthundert-
  achttausend
d) sechs Billionen sechzig Millionen
  sechshunderttausend

Billionen			Milliarden			Millionen			Tausender					
H	Z	E	H	Z	E	H	Z	E	H	Z	E	H	Z	E

Anwenden und Vernetzen

9 Die Sonne hat einen Durchmesser von $1\,392\,000$ km. Die Durchmesser der Planeten unseres Sonnensystems liegen zwischen $143\,000$ km (Jupiter) und $4\,900$ km (Merkur). Die Venus ist ungefähr so groß wie die Erde ($12\,800$ km). Der Durchmesser des größten Jupitermondes beträgt $5\,280$ km, der des Erdmondes $3\,470$ km.

a) Trage die im Text genannten Zahlen in die Stellenwerttafel ein.

Millionen			Tausender					
H	Z	E	H	Z	E	H	Z	E

UNSER SONNENSYSTEM

b) Ordne die Himmelskörper nach der Größe. Schreibe die Zahlen in Worten.

_____ Kilometer

Merkur   viertausendneunhundert _____ Kilometer

_____ Kilometer

Erde _____ Kilometer

_____ Kilometer

_____ Kilometer

_____ Kilometer

10 Wahr oder falsch? Überlege dir ein Beispiel oder ein Gegenbeispiel.

a) Es gibt eine fünfstellige Zahl, deren Vorgänger vierstellig ist. ☐ wahr ☐ falsch

b) Die kleinste vierstellige Zahl, die mit den Ziffern 1; 5; 2 und 9 gebildet werden kann, wenn keine Ziffer mehrmals verwendet wird, ist 1529. ☐ wahr ☐ falsch

Masse

▶ **Grundwissen**

Einheiten	Umrechnung
Tonne (t)	1 t = 1 000 kg = _____ g = _____ mg
Kilogramm (kg)	1 kg = 1 000 g = _____ mg
Gramm (g)	1 g = 1 000 mg
Milligramm (mg)	

Beim Umrechnen von Einheiten der Masse in die nächstkleinere Einheit wird mit 1 000 multipliziert.

▶ **Auftrag:** Ergänze.

Trainieren

1 In welcher Einheit sollte man jeweils die Masse der Tiere angeben?

a) Katze: _____   b) Hund: _____

c) Hamster: _____   d) Elefant: _____

e) Mücke: _____   f) Maus: _____

g) Meise: _____   h) Wildschwein: _____

2 Rechne jeweils in die nächstkleinere Einheit um.

a) 8 t = _____ kg   b) 50 g = _____ mg   c) 7 kg = _____ g

d) 300 kg = _____   e) 70 t = _____   f) 25 g = _____

g) 300 g = _____   h) 70 g = _____   i) 400 kg = _____

3 Rechne jeweils in die nächstgrößere Einheit um.

a) 2 000 kg = _____ t   b) 5 000 g = _____ kg   c) 8 000 mg = _____ g

d) 8 000 g = _____   e) 9 000 mg = _____   f) 10 000 kg = _____

g) 17 000 kg = _____   h) 78 000 mg = _____   i) 250 000 g = _____

4 Was ist gleich schwer?
Markiere dies jeweils mit einer Farbe.

0,62 kg	6 200 kg	6,2 kg	620 kg
0,62 t	6,2 t	6 200 000 mg	620 000 mg
6 200 g	6 200 000 g	620 g	620 000 g

5 Gib das Ergebnis jeweils in den gegebenen Einheiten an.

a) $120\,\mathrm{kg} + 800\,\mathrm{g} =$ _____

b) $77\,\mathrm{t} + 500\,\mathrm{kg} =$ _____

c) $1,5\,\mathrm{kg} + 250\,\mathrm{g} =$ _____

d) $80\,\mathrm{g} + 75\,\mathrm{mg} =$ _____

6 Ordne die Massen nach der Größe. Beginne mit dem kleinsten Wert.

a) $7\,\mathrm{kg}$; $107\,\mathrm{kg}$; $0,7\,\mathrm{kg}$; $17\,\mathrm{kg}$; $7\,\mathrm{kg}\,100\,\mathrm{g}$ _____

b) $333\,\mathrm{g}$; $33\,\mathrm{g}\,3\,\mathrm{mg}$; $3\,\mathrm{g}\,33\,\mathrm{mg}$; $30\,\mathrm{g}\,33\,\mathrm{mg}$ _____

c) $54\,\mathrm{t}\,540\,\mathrm{kg}$; $45\,450\,\mathrm{kg}$; $45\,\mathrm{t}\,540\,\mathrm{kg}$; $54\,\mathrm{t}\,54\,\mathrm{kg}$ _____

Anwenden und Vernetzen

7 Begründe, warum nur eine der beiden Zeichnungen nicht richtig ist.

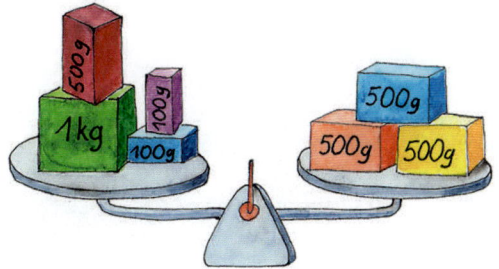 

linke Seite: _____   rechte Seite: _____   linke Seite: _____   rechte Seite: _____

_____

8 Die Masse eines Körpers wird durch den Vergleich mit Standardmassen bestimmt. Diese nennt man Wägestücke.

a) Gib jeweils an, welche der abgebildeten Wägestücke auf die rechte Seite der Waage zu legen sind, damit auf beiden Seiten die gleichen Massen liegen.

rechte Seite: _____   rechte Seite: _____

b) Ermittle die größte Masse, die mit den abgebildeten Wägestücken gemessen werde kann.

_____

_____

c) Könnte man alle abgebildeten Wägestücke so auf der Waage verteilen, dass diese im Gleichgewicht ist? Zusätzliche Hilfsmittel stehen dabei nicht zur Verfügung.

_____

_____

Geld

▶ **Grundwissen**

- $1 € = 100$ ct

- Bei Geldbeträgen in Kommaschreibweise stehen vor dem Komma _____

  nach dem Komma _____

▶ **Auftrag:** Ergänze den Satz.

Trainieren

1 Wandle um.

Euro			10 €	0,20 €			4,05 €	0,99 €
Cent	200 ct	1100 ct			1 ct	110 ct		

2 Wahr oder falsch?

Euro	1 €	2,25 €	35,40 €	2 €	0,33 €	10 € 34 ct	5,55 €	200 €
Cent	100 ct	255 ct	354 ct	20 ct	33 ct	10 340 ct	555 ct	2 ct

3 Wandle jeweils in die gegebene Einheit um.

a) 50,50 € = _____ ct   b) 77 890 ct = _____ €   c) 10 € 88 ct = _____ €

d) 70 € 5 ct = _____ €   e) 80 € 2 ct = _____ ct   f) 9 090 909 ct = _____ €

4 Ergänze.

a) Der Wert aller abgebildeten Münzen beträgt insgesamt _____ Euro. Das sind _____ Cent.

b) Die gegebenen Beträge könnte man mit diesen Münzen wie folgt auszahlen.

2,00 €	1. _____	2. _____
2 € 50 ct	1. _____	2. _____
0,65 €	1. _____	2. _____
1,09 €	1. _____	2. _____
19 ct	1. _____	2. _____

5 Ergänze jeweils einen möglichen Preis.

a) Eine Kugel Eis kostet etwa _____

b) Ein Brötchen kostet weniger als _____

c) Ein Schulbuch kostet etwa _____

d) Ein neues Fahrrad kostet über _____

e) 1 kg Äpfel kostet etwa _____

f) Ein gebrauchtes Auto kostet über _____

Preise zum Ergänzen:　1 €　2 €　20 €　100 €　1000 €

6 Gib die Beträge mit möglichst wenigen Geldscheinen und Münzen an.
Hinweis zur Schreibweise: 3 € = 2 € + 1 €

a) 8 ct = _____

b) 60 ct = _____

c) 90 ct = _____

d) 9 € = _____

e) 70 € = _____

f) 111 € = _____

g) 7,20 € = _____

h) 6,05 € = _____

i) 10,25 € = _____

j) 600 ct = _____

k) 260 ct = _____

l) 1000 ct = _____

7 Ordne nach der Größe. Beginne mit dem kleinsten Wert.

a) 3 €; 333 ct; 33 €; 33,33 €; 3 € 3 ct _____

b) 0,72 €; 27 ct; 0 € 7 ct; 0,77 €; 0,7 € _____

Anwenden und Vernetzen

8 Wie viel Wechselgeld bekommst du, wenn jeweils nur das abgebildete Geld zur Verfügung steht?

Milch Schokolade　0,69 €

6,99 €

TIERE im WALD　11,95 €

384,90 €

_____　　_____　　_____　　_____

9 Petra hat in ihrem Einkaufswagen Käse für 3,70 €, Marmelade für 70 Cent, ein Paket Milch zu 60 Cent, eine Ananas zu 2,99 € und Pilze für 1,40 €. Kann sie den Einkauf mit einem 10-Euro-Schein bezahlen?

_____

_____

10 Welche Kartoffeln sind am teuersten?

_____

_____

_____

_____

C 1000 g 5,20 €
D 100 g 0,40 €
A 1 kg 5 €
E 0,1 kg 0,60 €
B 500 g 1,80 €
F 0,3 kg 2,80 €

Länge

▶ **Grundwissen**

Einheiten	Umrechnung						
Kilometer (km)	1 km = 1 000 m	=	_____ dm	=	_____ cm	=	_____ mm
Meter (m)	1 m =	10 dm	=	_____ cm	=	_____ mm	
Dezimeter (dm)	1 dm =	10 cm	=	_____ mm			
Zentimeter (cm)	1 cm =	10 mm					
Millimeter (mm)							

Beim Umrechnen von Längeneinheiten in eine kleinere Einheit wird der Zahlenwert _____

▶ **Auftrag:** Ergänze.

Trainieren

1 Streiche die Längenangaben durch, die zu keiner Linie passen.

1 dm 7 cm; 170 mm; 0,17 m; 17 mm; 1,1 cm; 110 mm; 0,11 m; 11 km; 0,11 dm; 75 mm; 75 cm

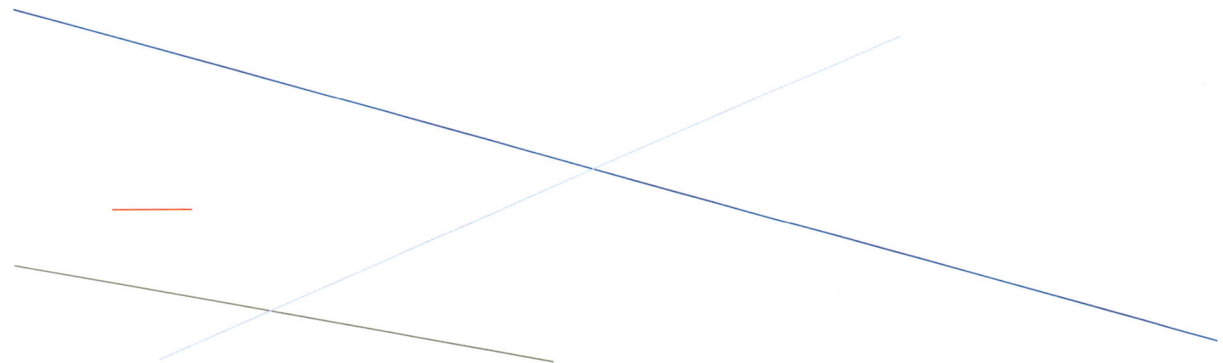

2 Rechne in die nächstkleinere Einheit um.

a) 6 cm = _____

b) 12 m = _____

c) 4 dm = _____

d) 7 km = _____

e) 12 cm = _____

f) 37 m = _____

3 Rechne in die nächstgrößere Einheit um.

a) 40 mm = _____

b) 80 dm = _____

c) 120 dm = _____

d) 600 cm = _____

e) 40 000 m = _____

f) 1 700 mm = _____

4 Ergänze jeweils den fehlenden Zahlenwert oder die Einheit.

a) 23 cm = _____ mm

b) 78 m = _____ cm

c) 40 km = _____ m

d) 5 000 mm = _____ m

e) 2 400 cm = _____ mm

f) 3 700 cm = 370 _____

g) 900 m = 90 000 _____

h) 1 200 cm = 12 000 _____

i) 7 600 cm = 76 _____

5 Ergänze jeweils mögliche Längen.

a) Breite einer Tür: _____

b) Höhe einer Tür: _____

c) Länge einer Tintenpatrone: _____

d) Dicke eines Buches: _____

e) Länge eines Güterzuges: _____

f) Länge eines Lkws: _____

g) Breite eines Daumens: _____

h) Breite einer DIN-A4-Seite: _____

Längen zum
Ergänzen: 28 mm
              38 mm
              90 cm
              210 mm
              18 m
              320 m
              15 mm
              21 dm

6 Ordne nach der Größe. Beginne mit der kleinsten Länge.

a) 485 mm; 32 cm; 2 m; 1 100 mm; 8 cm; 91 mm; 310 cm

_____

b) 0,85 m; 780 mm; 73 cm; 1,02 m; 120 cm; 1 002 mm; 805 mm

_____

c) 2,5 km; 2 050 m; 25 km; 2,025 km; 2 005 m; 0,25 km; 20 500 m

_____

Anwenden und Vernetzen

7 Tim hat ein Fahrrad mit einem Radumfang von etwa 2 m.
Während der Fahrt von der Schule nach Hause hat
sich das Vorderrad 900-mal gedreht.
Wie lang ist Tims Schulweg?

_____

_____

8 Schätze zuerst die Länge der abgebildeten Strecke.
Miss danach mit einem Lineal nach.

_____

9 Schätze zuerst, welche die kürzeste Verbindung vom Anfang A zum Ziel Z ist.
Ermittle danach die Länge der Verbindung.

Längen der Teilstrecken:

_____

_____

_____

Länge der Verbindung:

_____

_____

Zeit

▶ **Grundwissen**

Einheiten	Umrechnung		
Tag (d)	1 d	= 24 h	= 1 440 ___ min
Stunde (h)	1 h	= 60 min	= _____ s
Minute (min)	1 min	= 60 s	
Sekunde (s)			

Ein Jahr hat _____ Monate. Ein Monat hat _____ Tage. Jede Woche hat _____ Tage.

▶ **Auftrag:** Ergänze.

Trainieren

1 Wandle in die nächstkleinere Einheit um.

a) 2 d = _____

b) 2 h = _____

c) 2 min = _____

d) 5 d = _____

e) 5 h = _____

f) 5 min = _____

g) 12 h = _____

h) 50 min = _____

i) 3 d = _____

j) 4 Wochen = _____

k) 8 h = _____

l) 6 Wochen = _____

m) 15 min = _____

n) 10 d = _____

o) 6 min = _____

2 Wandle in die nächstgrößere Einheit um.

a) 240 h = _____

b) 240 min = _____

c) 240 s = _____

d) 96 h = _____

e) 300 min = _____

f) 180 s = _____

g) 30 min = _____

h) 96 h = _____

i) 28 d = _____

j) 480 s = _____

k) 120 min = _____

l) 180 min = _____

m) 120 h = _____

n) 120 s = _____

o) 48 h = _____

3 Ergänze den Satz.   Ein Jahr (das kein Schaltjahr ist) hat _____ Wochen und _____ Tage.

4 Gib die Zeitspannen in den gegebenen Einheiten an.

a) Vom 3. Mai um 12:00 Uhr bis zum 3. Mai um 17:00 Uhr sind es _____ h.

b) Vom 2. Mai um 12:00 Uhr bis zum 3. Mai um 17:00 Uhr sind es _____ h.

c) Vom 3. Mai um 15:00 Uhr bis zum 15. Mai um 21:00 Uhr sind es _____ d _____ h.

d) Vom 3. Mai um 12:00 Uhr bis zum 5. Mai um 13:30 Uhr sind es _____ d _____ min.

e) Vom 3. Mai um 12:44 Uhr bis zum 5. Mai um 12:56 Uhr sind es _____ h _____ min.

5 Der erste Bus fährt um 5:10 Uhr vom Bahnhof zur Vorstadt. Er wartet dort zwei Minuten und fährt dann dieselbe Strecke zum Bahnhof zurück. Die Busse fahren im Abstand von 30 min.
Vervollständige den Fahrplan für die Buslinie vom Bahnhof zur Vorstadt und zurück.

Bahnhof — 1 min — Goethestraße — 2 min — Rathaus — 2 min — Stadtpark — 1 min — Rosenstraße — 6 min — Vorstadt

Tour A	Tour B	Tour C	↓		↑	Tour A	Tour B	Tour C
5.10	5.40		↓	Bahnhof	↑			6.36
5.11			↓	Goethestraße	↑			
			↓	Rathaus	↑	5.33		
			↓	Stadtpark	↑	5.31		
			↓	Rosenstraße	↑	5.30		
5.22			↓	Vorstadt	↑	5.24	5.54	

6 Ordne jeder Tätigkeit die entsprechende Zeitspanne zu. 45 min; 5 s; 52 Wochen; 2 s; 14 d; 4 min; 15 min; 1 h; 70 min

a) 4 km wandern: _____

b) Nagel einschlagen: _____

c) CD abspielen: _____

d) Reis kochen: _____

e) Datum aufschreiben: _____

f) Zähne putzen: _____

g) Ferien: _____

h) Jahr: _____

i) Unterrichtsstunde: _____

Anwenden und Vernetzen

7 Damit die Reparaturarbeiten an der Bahnlinie 5 schneller gehen, wird ab dem 25. Juli bis zum 4. August jeweils in den Nächten ab 23:00 Uhr bis 4:45 Uhr ein eingleisiger Bahnverkehr eingerichtet.
Gib die Zeitdauer an, in der der Stellwerksleiter mit Verzögerungen im Verkehr rechnet.
Gib mindestens zwei verschiedenartige Möglichkeiten an.

_____

_____

_____

8 Ergänze die Zeitpunkte (oben) sowie die Zeitspannen (unten). Überlege dir eine kurze Geschichte zu den Bildern.
Hinweis: Schreibe die kurze Geschichte zu den Bildern auf ein zusätzliches Blatt.

12:15 Uhr  _____ _____ _____

75 min _____ _____

Im Kopf addieren und subtrahieren

▶ **Grundwissen**

• Addieren bedeutet so viel wie _____

Beispiel: 3 m   +   2 m   =   5 m

           ↑   ↑   ↑

     Summand   Summand   Summe

             Summe

• Subtrahieren bedeutet so viel wie _____

Beispiel: 5 m   –   2 m   =   3 m

           ↑   ↑   ↑

     Minuend   Subtrahend   Differenz

             Differenz

▶ **Auftrag:** Trage folgende Begriffe an den richtigen Stellen ein:
zusammenzählen; abziehen; Unterschied berechnen; hinzufügen; vermehren.

Trainieren

1   Schreibe die Rechenausdrücke auf und berechne.

a) Addiere 3 zu 45. _____

b) Füge 8 zu 51 hinzu. _____

c) Subtrahiere 2 von 50. _____

d) Ziehe 5 von 46 ab. _____

2   Addiere.

a) $7 + 40 =$ _____

b) $66 + 12 =$ _____

c) $61 + 400 =$ _____

d) $97 + 5 =$ _____

e) $30 + 80 =$ _____

f) $60 + 77 =$ _____

g) $80 + 99 =$ _____

h) $60 + 91 =$ _____

3   Subtrahiere.

a) $75 - 4 =$ _____

b) $12 - 8 =$ _____

c) $65 - 40 =$ _____

d) $80 - 79 =$ _____

e) $45 - 45 =$ _____

f) $80 - 9 =$ _____

g) $610 - 40 =$ _____

h) $660 - 1 =$ _____

4   Setze passende Rechenzeichen ein.

a) $40 \square 80 \square 20 = 140$

b) $77 \square 27 \square 30 = 20$

c) $100 \square 80 \square 19 = 1$

d) $45 \square 45 \square 3 = 93$

e) $23 \square 50 \square 13 = 60$

f) $75 \square 80 \square 20 = 135$

g) $210 \square 40 \square 15 = 185$

h) $66 \square 77 \square 55 = 88$

5   Ergänze.

a)

+	60	120	301	417
78	138			
117				
152				

b)

–	70	170	302	429
433	363			
516				
598				

6 Ergänze die fehlenden Zahlen in den Additionsmauern.

a)
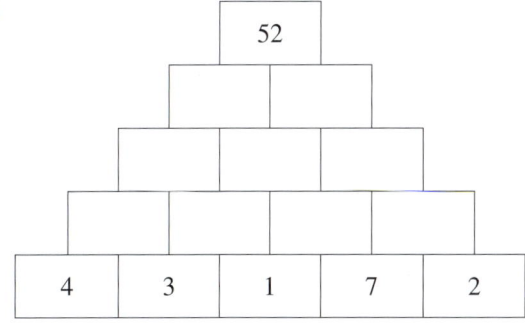

b)
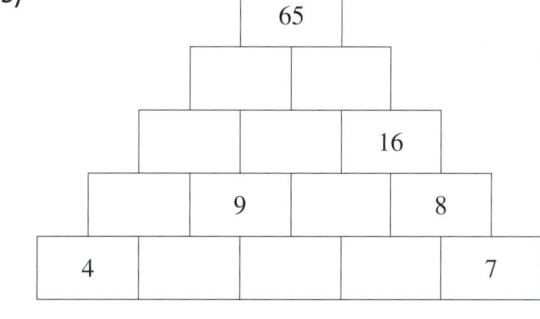

c)
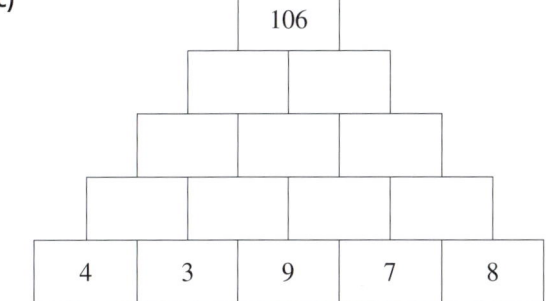

d)

Anwenden und Vernetzen

7 Auf der Karte stehen Entfernungen zwischen Orten.

a) Wahr oder falsch?

Von Köln nach Frankfurt/M. sind es etwa 183 km.

_____

Von Köln nach Hannover sind es etwa 287 km.

_____

Von Köln nach Emmerich sind es etwa 235 km.

_____

Von Köln nach Giessen sind es etwa 227 km.

_____

Von Trier nach Aachen sind es etwa 257 km.

_____

Von Bremen nach Münster sind es etwa 568 km.

_____

b) Finde die kürzeste Route von Hamburg nach München.
Zeichne diese auf der Karte farbig nach.
Hinweis: Notiere Zwischenergebnisse auf einem
zusätzlichen Blatt.

c) Familie Schulz fährt von Flensburg nach Lindau.
In Flensburg sind noch 15 l Benzin im Tank.
Dieser fasst insgesamt 50 l. Auf 100 km verbraucht ihr Auto 9 l Benzin.
Wie oft werden sie auf dem Weg mindestens tanken?

_____

_____

Rechenvorteile und Rechengesetze

▶ Grundwissen

• Kommutativgesetz: In einer Summe dürfen die Summanden vertauscht werden.

• Assoziativgesetz: In einer Summe dürfen die Summanden beliebig mit Klammern zusammengefasst werden.

• Vorrangregel: Was in Klammern steht, wird zuerst berechnet.

Beispiele:

$15 + 97 =$ _____ $=$ ____

$17 + 44 + 56 =$ _____ $=$ ____

$65 - (4 + 36) =$ _____ $=$ ____

▶ **Auftrag:** Ergänze die Beispiele.

Trainieren

1 Rechne.

a) $48 + 152 =$ _____

b) $75 + 45 =$ _____

c) $194 + 483 =$ _____

d) $655 + 748 =$ _____

e) $58 + 752 =$ _____

f) $475 + 1\,425 =$ _____

g) $1\,904 + 483 =$ _____

h) $65 + 7\,438 =$ _____

2 Rechne vorteilhaft.

a) $458 + 14 + 52 =$ _____

b) $7 + 45 + 45 =$ _____

c) $19 + 74 + 46 =$ _____

d) $62 + 55 + 728 =$ _____

e) $58 + 75 + 22 =$ _____

f) $775 + 14 + 25 =$ _____

g) $81 + 904 + 405 =$ _____

h) $650 + 74 + 380 =$ _____

3 Schreibe jeweils das Ergebnis hinter den der vier Ausdrücke, den du am schnellsten berechnen kannst.

a) $(781 + 55) + 19 =$ ____

b) $(19 + 55) + 781 =$ ____

c) $(781 + 19) + 55 =$ ____

d) $(55 + 19) + 781 =$ ____

e) $(653 + 78) + 47 =$ ____

f) $(47 + 653) + 78 =$ ____

g) $(78 + 47) + 653 =$ ____

h) $(78 + 653) + 47 =$ ____

i) $(7\,581 + 409) + 11 =$ ____

j) $(11 + 7\,581) + 409 =$ ____

k) $409 + 11 + 7\,581 =$ ____

l) $7\,581 + 11 + 409 =$ ____

4 Rechne möglichst vorteilhaft. Die Summanden dürfen vertauscht und zusammengefasst werden.

a) $205 + 111 + 47 + 119 + 113 =$ _____

b) $333 + 444 + 555 + 666 + 777 =$ _____

c) $1\,112 + 376 + 19 + 188 + 124 =$ _____

d) $21 + 22 + 23 + 24 + 25 + 26 + 27 + 28 + 29 =$ _____

5 In den magischen Vierecken soll die Summe der Zahlen in den Zeilen, Spalten und Diagonalen jeweils gleich sein. Ergänze entsprechend.

a)

16	22		20
26		32	
			12
2	28	8	30

b)

3		45	
36	21		27
24	33		
39		9	48

6 Ergänze zuerst die Rechenbäume. Schreibe danach die Aufgabe mit Klammern auf.

a)

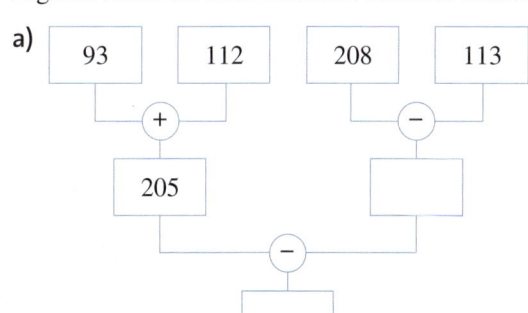

b)

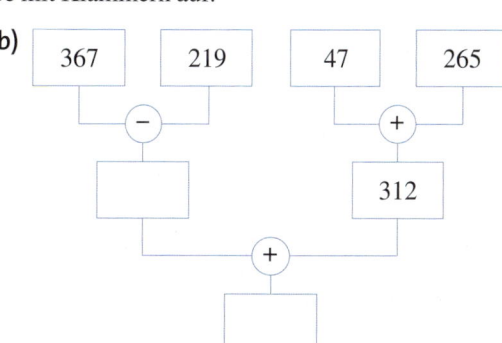

7 Berechne.

a) $(90 + 12) - (71 + 25)$ = _____ − _____ = _____

b) $(51 + 19) - (18 + 12)$ = _____ − _____ = _____

c) $(128 + 43) - (365 - 199)$ = _____ − _____ = _____

d) $(99 - 11) - (22 + 44)$ = _____ − _____ = _____

8 Setze die fehlenden Klammern und ergänze die Rechnungen.

a) $75 + 46 - 16 + 103 + 42 + 7$ = _____ − 119 + _____ = 51

b) $1600 - 800 + 300 + 100 - 6400 - 5850$ = 800 + _____ − 550 = 650

c) $311 - 12 + 3 + 8 - 78 - 32$ = _____ = 242

Anwenden und Vernetzen

9 Zahlenrätsel

a) Schreibe jeweils die Lösung in das Feld mit dem entsprechenden Buchstaben.

A: 15 vermindert um 8
B: 8 vermehrt um 9
C: Differenz von A und B
D: Summe von A und B
E: Vorgänger von D
F: Nachfolger von D

16	A	33	44
B	13	50	C
34	22	D	15
E	47	12	F

b) Addiere im Kopf die Zahlen jeder Spalte und jeder Zeile. Rechne vorteilhaft.

Zeile 1: _____　Zeile 2: _____　Zeile 3: _____　Zeile 4: _____

Spalte 1: _____　Spalte 2: _____　Spalte 3: _____　Spalte 4: _____

c) Wenn alle Zahlen aus dem ausgefüllten Zahlenquadrat von 500 subtrahiert werden, ist das Ergebnis _____

10 Drei Ziffern

a) Bilde mit den Ziffern alle möglichen dreistelligen Zahlen.
Keine der Ziffern darf in einer Zahl zweimal vorkommen.
Hinweis: Schreibe die Ziffern auf Zettel und lege damit die Zahlen.

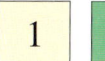

b) Ermittle die Summe aller dreistelligen Zahlen aus Teilaufgabe **a**.

Schriftlich addieren und subtrahieren

▶ **Grundwissen**

Bei der schriftlichen Addition und Subtraktion ist zu beachten, dass

• alle Zahlen _____ untereinander geschrieben werden,

• _____ mit dem Addieren bzw. Subtrahieren begonnen wird und

• der Übertrag jeweils in die _____ Spalte geschrieben wird.

Mithilfe eines Überschlags sollte man prüfen, ob _____

Beispiele:

Überschlag:	5	0	0	+	9	0	=	5	9	0
					5	3	1			
			+			8	7			
				1						
				6	1	8				

Überschlag:	2	4	0	−	1	4	0	=	1	0	0
					2	3	9				
			−		1	4	3				
				1							
						9	6				

▶ **Auftrag:** Ergänze den Text.

Trainieren

1 Überschlage zuerst. Addiere danach schriftlich.

a) _____

	7	1	3	7
+		8	4	1

b) _____

	5	4	8	9
+	6	7	5	2

c) _____

	4	0	9	2	3
+	5	9	2	5	0

2 Überschlage zuerst. Subtrahiere danach schriftlich.

a) _____

	9	2	5	9
−	8	1	0	4

b) _____

	9	0	0	3
−	4	9	0	4

c) _____

	7	7	0	6	3
−	6	9	0	1	4

3 Schreibe jeweils zuerst das Ergebnis des Überschlags auf. Rechne danach schriftlich.

a) _____

	8	9	7	3
+	8	2	8	2
+	8	8	1	0

b) _____

	7	8	8	6
+	5	0	2	1
+	1	1	8	9

c) _____

	8	9	9	2
+	5	2	3	0
+	1	4	2	3

d) _____

	3	6	4	5
+		8	2	9
+	1	9	5	7

4 Schreibe jeweils zuerst das Ergebnis des Überschlags auf. Rechne danach schriftlich.

a) _____

	1	1	0	5		
−		2	6	6		
−		1	1	3		

b) _____

	7	5	4	4		
−		7	8	9		
−		1	1	9		

c) _____

	1	9	9	9		
−			8	7		
−	1	0	1	3		

d) _____

		7	7	9		
−				9		
−		3	7	7		

5 Subtrahiere zuerst schriftlich.
Überprüfe danach das Ergebnis durch Addieren.

		2	5	7	8	€	Probe:
−			1	2	1	€	
−				8	6	€	

Anwenden und Vernetzen

6 Rechne schriftlich. Überschlage im Kopf und vergleiche mit deinem Ergebnis.

a) Eine Zahnradbahn fährt von der Talstation (712 m über dem Meeresspiegel)
zum Zugspitzplatt (2 601 m über dem Meeresspiegel).
Berechne den Höhenunterschied.

Der Höhenunterschied beträgt _____ m.

b) Die erste technisch nutzbare Glühbirne wurde von Edison im Jahr 1879
erfunden. Vor wie vielen Jahren war das?

Es war vor _____ Jahren.

c) Eine Bibliothek hat bereits 47 530 Bücher. Es sollen 8 747 Bücher dazu gekauft
werden. Wie viele Bücher sind es danach?

Danach sind es _____ Bücher.

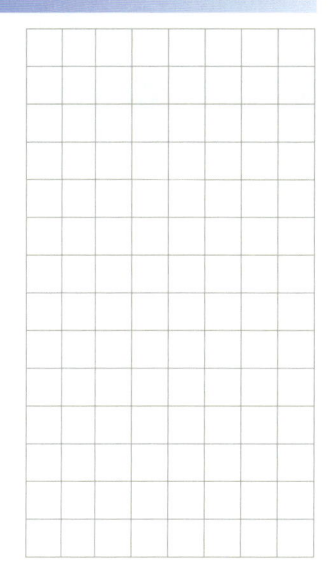

7 Veranschauliche zuerst rechts in einem Säulendiagramm, wie viele Besucher pro Woche im Erlebnisbad waren.
Ergänze danach in der Tabelle unten die Summen.

	Kinder, Jugendliche	Erwachsene
1. Woche	2 025	1 678
2. Woche	2 130	1 817
3. Woche	2 670	1 923
4. Woche	2 978	1 861
5. Woche	3 972	1 732
6. Woche	4 179	1 210
Summe:		

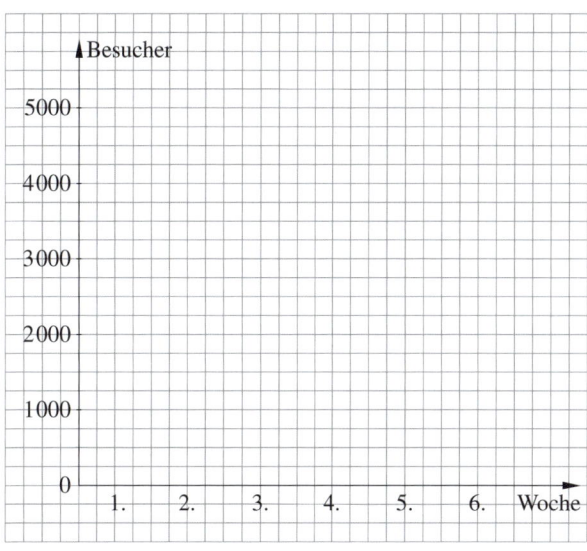

Gerade, Parallele, Senkrechte

▶ **Grundwissen**

• Eine gerade Linie mit Anfangspunkt und ohne Endpunkt nennt man Strahl.

• Eine gerade Linie mit Anfangspunkt und mit Endpunkt nennt man Strecke.

• Eine gerade Linie ohne Anfangspunkt und ohne Endpunkt nennt man Gerade.

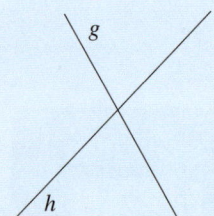

Die Geraden *g* und *h*

_____

_____

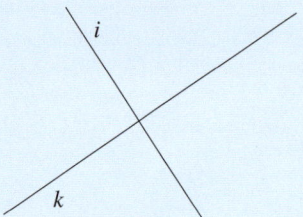

Die Geraden *i* und *k*

_____

_____

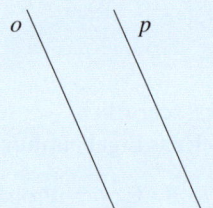

Die Geraden *o* und *p*

_____

_____

▶ **Auftrag:** Vervollständige die drei Sätze.

▎**Trainieren**

1 Verwende jeweils die gegebenen Punkte.

a) Zeichne folgende Geraden, Strahlen und Strecken.

Gerade *AB*	Strecke $\overline{DE}$
Gerade *DF*	Strecke $\overline{EG}$
Strahl von *D* durch *C*	Strecke $\overline{CF}$

b) Beantworte folgende Fragen und trage jeweils den zugehörigen Buchstaben in das zur Frage gehörende Kästchen ein.
Du erkennst bestimmt das Lösungswort.

1. Liegt *B* auf der Geraden *AB*? ja: M nein: V
2. Liegt *D* auf der Strecke $\overline{CE}$? ja: E nein: I
3. Liegt *E* auf der Strecke $\overline{CD}$? ja: E nein: N
4. Liegt *C* auf dem Strahl von *E* durch *D*? ja: B nein: R
5. Liegt *A* auf der Geraden *CF*? ja: E nein: L
6. Liegt *G* auf der Geraden *FC*? ja: U nein: C

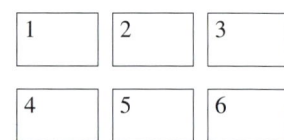

Lösungswort: _____

2 Arbeite mit dem Geodreieck.

a) Welche der Geraden bzw. Strecken sind senkrecht zueinander?

_____

b) Welche der Geraden bzw. Strecken sind parallel zueinander?

_____

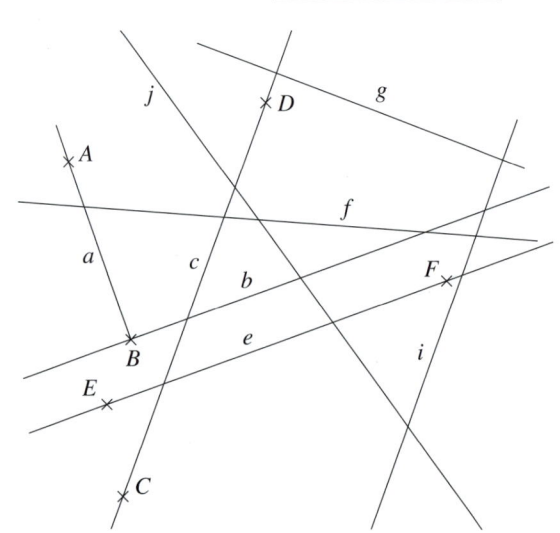

3 Setze durch Zeichnen von Senkrechten und Parallelen folgende Muster bis zum rechten Rand fort.
Hinweis: Male die entstandenen Bandornamente farbig aus.

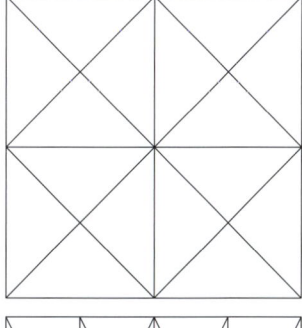

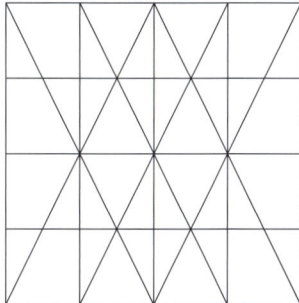

Anwenden und Vernetzen

4 Unterscheide zwischen Foto und Original

a) Auf dem Foto sind zwei Baumreihen zu sehen.
Sind diese parallel zueinander?
Sind die Wegränder parallel zueinander?

_____

_____

_____

_____

b) Ein gerades Stück Weg ist 15 m lang und 25 dm breit. Auf den Wegrändern werden links und rechts Sträucher gepflanzt. Der Abstand der Sträucher in einer Reihe beträgt jeweils rund 5 m.
Veranschauliche die Situation mit Blick von oben in einer Zeichnung. Wähle 1 cm für 1 m.

5 Kann die Aussage wahr sein? Begründe deine Antwort.

a) Ben sagt: „Ich habe eine 778 mm lange Strecke gezeichnet." _____

b) Mia sagt: „Ich habe einen 7,5 cm lange Strahl gezeichnet." _____

c) Leon sagt: „Ich habe eine 1,25 dm lange Gerade gezeichnet." _____

Koordinatensystem

▶ Grundwissen

Ein Koordinatensystem besteht aus
zwei zueinander senkrechten Achsen,
der x-Achse und der y-Achse.
Jede Achse ist gleichmäßig unterteilt.
Jeder Punkt P kann mit seinen
Koordinaten $P(x|y)$ angegeben werden.

Beispiel: _____

_____

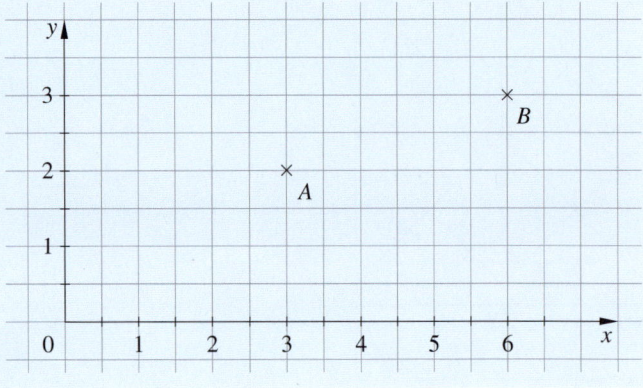

▶ **Auftrag:** Gib die Koordinaten der Punkte A und B an.

Trainieren

1 Vervollständige die Angaben zu den im
Koordinatensystem eingezeichneten Punkten.

A (1 | ____) B (5 | ____)

C (6 | ____) D (2 | ____)

E (____ | ____) F (____ | ____)

G (____ | ____) H (____ | ____)

I (____ | ____)   ____ (0|2)

L (____ | ____)   ____ (0|5)

N (____ | ____)   ____ (3|4)

P (____ | ____)   ____ (5|0)

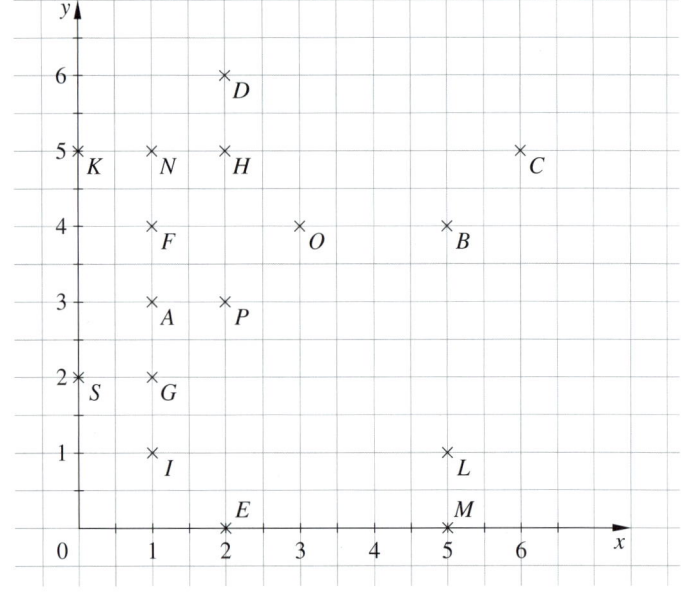

2 Zeichne die Punkte in das Koordinatensystem ein.
Beschrifte vorher die Achsen sinnvoll.

A (2 | 3) B (6 | 1)
C (10| 3) D (12| 7)
E (10|11) F (2 |11)
G (0 | 7) H (4 | 7)
I (6 | 5) K (6 | 9)
L (8 | 7) M (6 |12)

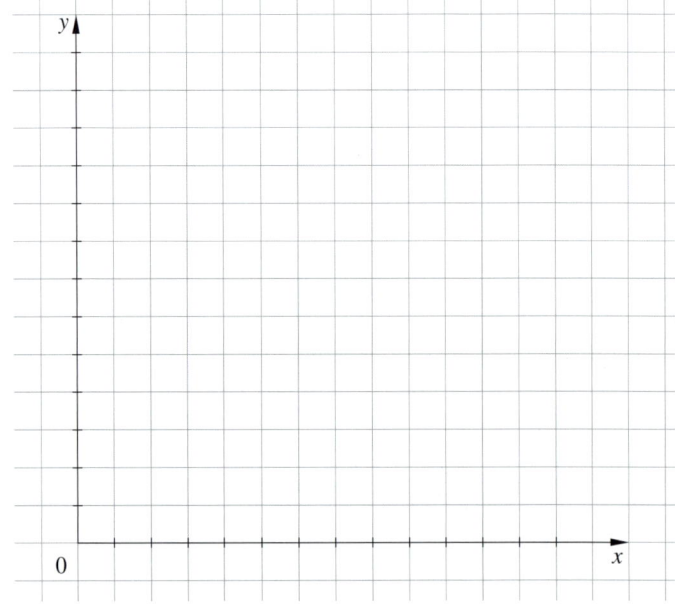

3 Ergänze zu gleichartigen größeren Häusern und gib die Koordinaten der Punkte an.

A (___ | ___)   B (___ | ___)

C (___ | ___)   D (___ | ___)

E (___ | ___)

F (___ | ___)   G (___ | ___)

H (___ | ___)   I (___ | ___)

J (___ | ___)

K (___ | ___)   L (___ | ___)

M (___ | ___)   N (___ | ___)

O (___ | ___)

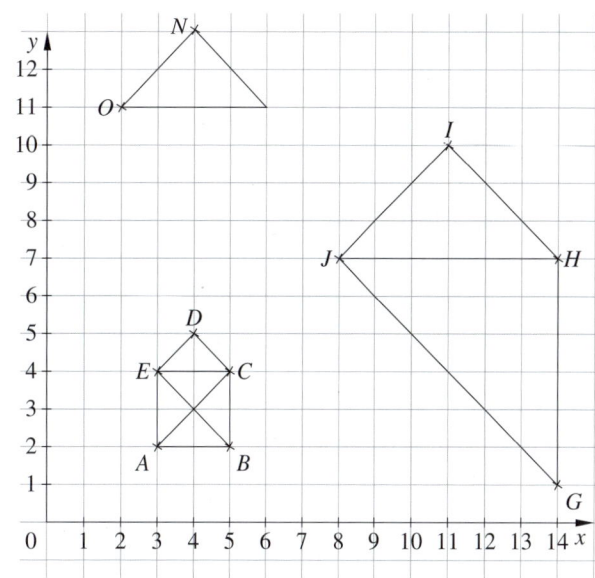

Hinweis: Versuche ein Haus – ohne abzusetzen und Linien mehrmals zu überziehen – nachzuzeichnen.

Anwenden und Vernetzen

4 Koordinatensystem

a) Trage folgende Punkte ins Koordinatensystem ein. Verbinde die Punkte in alphabetischer Reihenfolge und den Punkt M mit dem Punkt A.

A (2 |2)   H (7 |8)   L (3 |5)
E (10|7)   J (6 |7)   G (9 |8)
F (8 |7)   C (12|5)   M (1 |5)
B (11|2)   K (3 |7)   D (10|5)

b) Welche Strecken verlaufen parallel zur x-Achse?

_____

c) Welche Strecken verlaufen parallel zur y-Achse?

_____

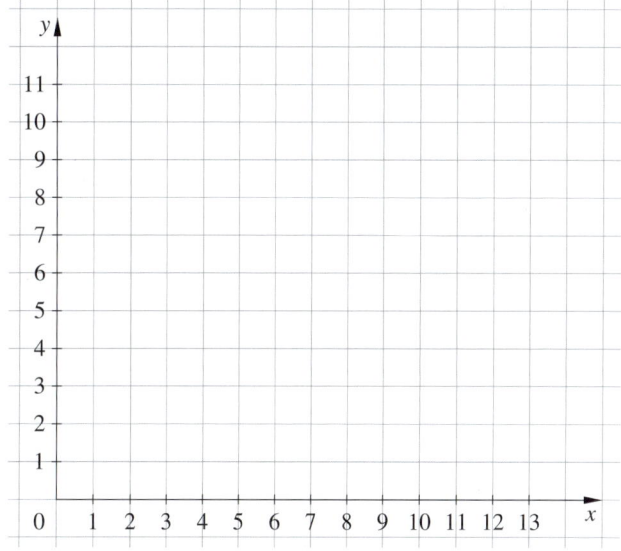

5 Orientierung auf einem Stadtplan

a) Überprüfe folgende Angaben und berichtige diese gegebenenfalls.

Die Kirche liegt im Planquadrat 3C. _____

Die Schule liegt im Planquadrat 21. _____

Der Bahnhof liegt im Planquadrat 5D. _____

Der Sportplatz liegt im Planquadrat B5. _____

b) Welche Planquadrate sind zu durchqueren, wenn man auf dem kürzesten Weg von der Schule zum Bahnhof geht? _____

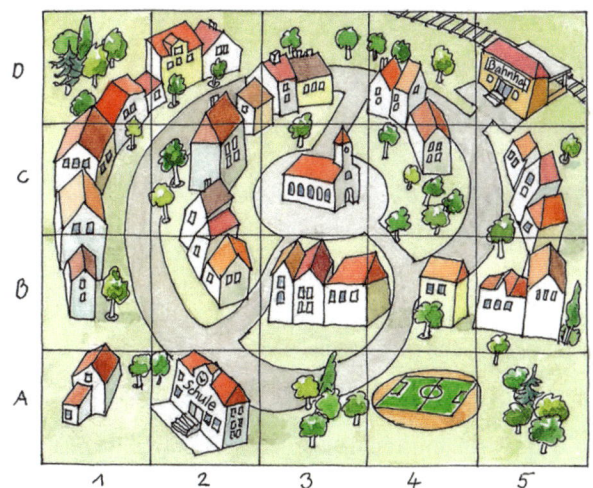

Besondere Vierecke

▶ Grundwissen

Beispiele:

- Jedes Viereck mit gleich langen gegenüberliegenden Seiten und senkrecht zueinander verlaufenden benachbarten Seiten ist ein _____

- Jedes Rechteck mit vier gleich langen Seiten ist ein _____

- Jedes Viereck mit gleich langen gegenüberliegenden Seiten ist ein _____

- Jedes Parallelogramm mit vier gleich langen Seiten ist eine _____

▶ **Auftrag:** Ergänze die Sätze.

Trainieren

1 Ergänze mithilfe der Kästchen zu entsprechenden Vierecken.

a) Rechteck   b) Quadrat   c) Parallelogramm   d) Raute

2 Ergänze mithilfe des Geodreiecks zu entsprechenden Vierecken.

a) Quadrat   b) Parallelogramm   c) Rechteck   d) Raute

3 Kreuze jeweils alle zutreffenden Bezeichnungen an.

	①	②	③	④	⑤	⑥	⑦	⑧
Quadrat								
Rechteck								
Parallelogramm								
Raute								
Viereck								

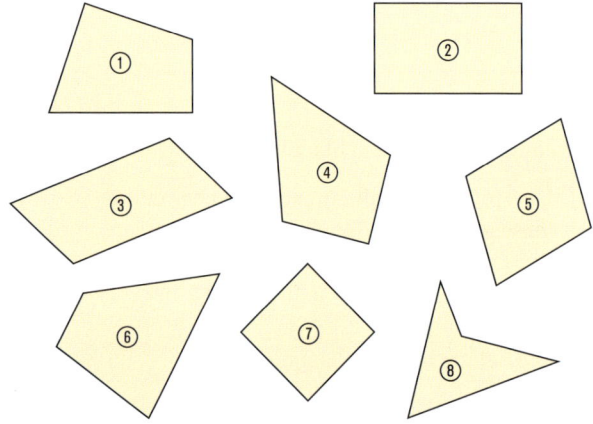

4 Wahr oder falsch? Kreuze an.

a) Jedes Viereck mit vier gleich langen Seiten ist ein Quadrat. ☐ wahr ☐ falsch

b) Jede Raute mit zueinander senkrecht verlaufenden benachbarten Seiten ist ein Quadrat. ☐ wahr ☐ falsch

c) Jedes Parallelogramm mit zueinander senkrechten benachbarten Seiten ist ein Rechteck. ☐ wahr ☐ falsch

5 Gib jeweils die Anzahl der entsprechenden Vierecke in der Figur an.

Quadrate: _____

Parallelogramme: _____

Rechtecke: _____

Rauten: _____

6 Zeichne zuerst ein Quadrat mit 4 cm langen Seiten. Zeichne danach ein Rechteck mit 4 cm und 6 cm langen Seiten.

Anwenden und Vernetzen

7 Schreibe die Koordinaten der Ecken des jeweiligen Vierecks auf.
Jeder Punkt ist nur einmal zu nehmen.
Hinweis: Zeichne die Seiten ein.

Quadrat:

_____

Parallelogramm:

_____

Rechteck:

_____

Raute:

_____

8 Mosaike

a) Welche Vierecksarten enthält das Mosaik?
Markiere jeweils Beispielflächen.

_____

_____

_____

_____

b) Zeichne auf einem zusätzlichen Blatt ein Mosaik,
in dem Quadrate, Rechtecke, Rauten und Parallelogramme vorkommen.

Multiplizieren und dividieren

Im Kopf multiplizieren und dividieren

▶ **Grundwissen**

• Multiplizieren bedeutet so viel wie _____

Beispiel: 4 · 5 m = 20 m
  ↑   ↑   ↑
  Faktor   Faktor   Produkt

Produkt

• Dividieren bedeutet so viel wie _____

Beispiel: 20 m : 4 = 5 m
   ↑   ↑   ↑
   Dividend   Divisor   Quotient

Quotient

▶ **Auftrag:** Trage folgende Begriffe an den richtigen Stellen ein:
teilen; verteilen; malnehmen; vervielfachen; aufteilen.

Trainieren

1 Schreibe die Rechenausdrücke auf und berechne.

a) Multipliziere 3 mit 5. _____

b) Halbiere 8. _____

c) Dividiere 12 durch 3. _____

d) Verdreifache 7. _____

e) Nimm dreimal 15. _____

f) Teile 60 durch 20. _____

2 Multipliziere.

a) $3 \cdot 4 =$ _____ b) $2 \cdot 80 =$ _____ c) $60 \cdot 10 =$ _____ d) $10 \cdot 4 =$ _____

e) $30 \cdot 4 =$ _____ f) $20 \cdot 80 =$ _____ g) $66 \cdot 10 =$ _____ h) $11 \cdot 4 =$ _____

i) $17 \cdot 2 =$ _____ j) $3 \cdot 25 =$ _____ k) $6 \cdot 13 =$ _____ l) $45 \cdot 4 =$ _____

3 Dividiere.

a) $35 : 5 =$ _____ b) $16 : 8 =$ _____ c) $60 : 2 =$ _____ d) $54 : 9 =$ _____

e) $350 : 5 =$ _____ f) $160 : 8 =$ _____ g) $60 : 20 =$ _____ h) $540 : 90 =$ _____

i) $81 : 9 =$ _____ j) $420 : 2 =$ _____ k) $80 : 80 =$ _____ l) $400 : 5 =$ _____

4 Ergänze die Tabelle.

a	12	80	36	11	18	25		
b	3	2					11	3
$a \cdot b$					108	125		
$a : b$			12	1			30	27

5 Ergänze die fehlenden Zahlen in den Multiplikationsmauern.

a)

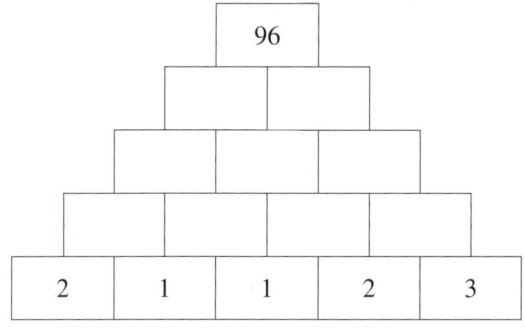

b)

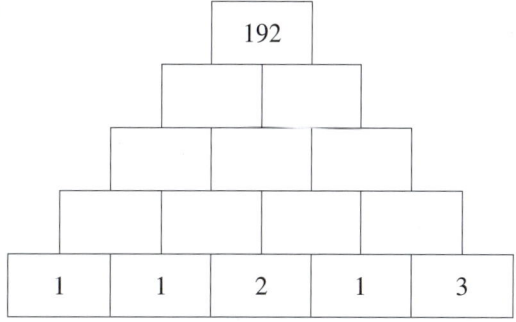

c)

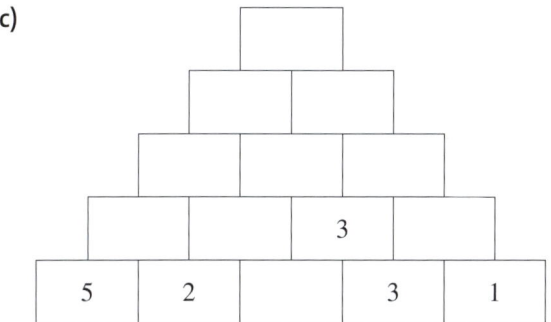

d)

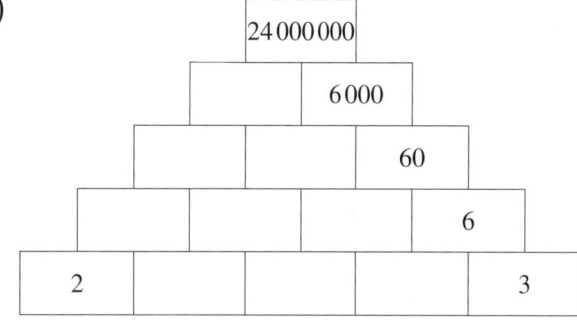

6 Ergänze die Rechenzeichen bzw. Zahlen.

a) 10 ☐ 5 = 50

b) 100 ☐ 20 = 5

c) 17 ☐ 2 = 34

d) 28 ☐ 14 = 2

e) 7 · ☐ = 63

f) 110 : ☐ = 10

g) ☐ · 5 = 105

h) ☐ · 4 = 32

Anwenden und Vernetzen

7 Lösen von Zahlenrätseln

a) Mit welcher Zahl ist 8 zu multiplizieren, um 80 zu erhalten? _____

b) Durch welche Zahl ist 35 zu teilen, um 7 zu erhalten? _____

c) Durch welche Zahl ist 175 zu dividieren, um 25 zu erhalten? _____

d) Mit welcher Zahl ist 13 zu vervielfachen, um 65 zu erhalten? _____

e) Das Produkt welcher 3 aufeinander folgenden Zahlen ist 60? _____

f) Das Produkt zweier Zahlen ist 72. Finde mindestens drei Lösungen.

_____

_____

Rechenausdrücke:

8 ☐ ☐ = 80

35 ☐ ☐ = 7

175 ☐ ☐ = 25

13 ☐ ☐ = 65

☐ ☐ ☐ ☐ = 60

☐ ☐ ☐ = 72

8 Eine Fluggesellschaft hat 31 989 Buchungen für Flüge zu den Olympischen Spielen.
Sie will 6 Jumbojets mit je 350 Plätzen einsetzen.
Jeder Jumbojet soll 15-mal fliegen. Funktioniert dieser Plan?

_____

_____

Schriftlich multiplizieren und dividieren

▶ **Grundwissen**

Beispiele:

Überschlag:	4	0	0	·			=			
3	9	1	·	1	3				
		1		7	3				
			5			3			

Überschlag:	5	0	0	:			=		
5	4	0	:	4	5	=		2	Probe:
4	5								4 5 ·

▶ **Auftrag:** Ergänze.

Trainieren

1 Ordne mithilfe des Überschlags jeder Aufgabe ihr Ergebnis zu. Zeichne Linien ein.

456 · 41	6336 : 33	941 · 87	744 : 12	3321 · 78	7615 : 5	458 · 8

192	259038	1523	18696	81867	62	1523	3664

2 Überschlage zuerst. Multipliziere danach schriftlich.

a) _____   b) _____   c) _____

4	7	8	4	·	3			

1	3	4	8	9	·	7		

7	4	4	5	6	·	6		

3 Rechne, bis du über eine Million kommst. Stell dir vor, du löst eine Aufgabe zum schriftlichen Rechnen.

201 [ ] [ ] [ ] [ ]

[ ] [ ] [ ] [ ]

4 Überschlage zuerst. Multipliziere danach schriftlich.

a) _____   b) _____   c) _____

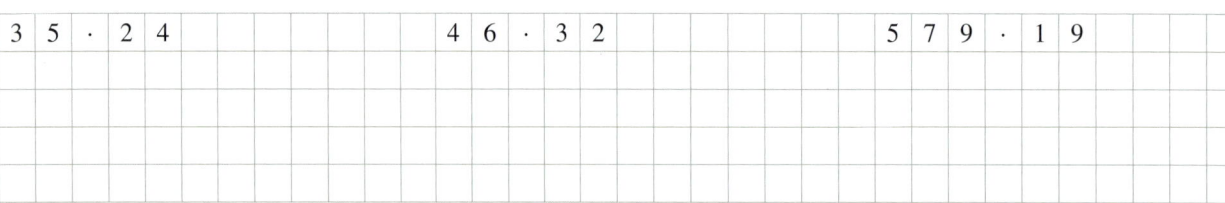

3	5	·	2	4			

4	6	·	3	2			

5	7	9	·	1	9		

d) _____   e) _____   f) _____

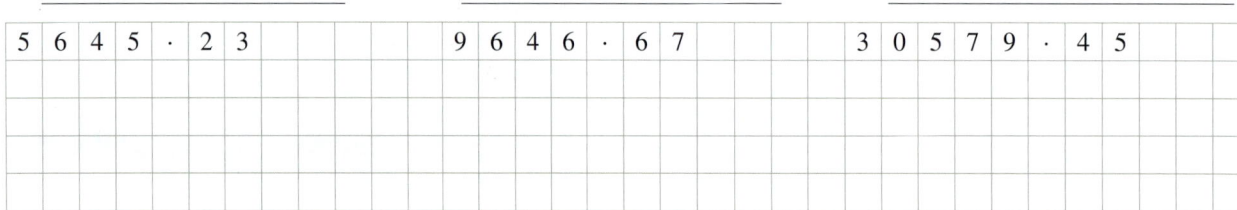

5	6	4	5	·	2	3	

9	6	4	6	·	6	7	

3	0	5	7	9	·	4	5

5 Überschlage zuerst. Dividiere danach schriftlich. Rechne jeweils die Probe.

a) _____

| 9 | 3 | 6 | : | 6 | = | | |

b) _____

| 4 | 7 | 4 | 3 | : | 9 | = | | |

c) _____

| 5 | 8 | 6 | 3 | : | 1 | 3 | = | | |

6 Rechne. Stell dir vor, du löst eine Aufgabe zum schriftlichen Rechnen.

a) 8 888 $\xrightarrow{:2}$ [   ] $\xrightarrow{:2}$ [   ] $\xrightarrow{:2}$ [   ]

b) 1 600 $\xrightarrow{:4}$ [   ] $\xrightarrow{:4}$ [   ] $\xrightarrow{:4}$ [   ]

Anwenden und Vernetzen

7 In einer Gärtnerei sollen 3 648 Kakteen in Kästen zu je acht Stück verpackt werden.
Jeder gefüllte Kasten kostet 13,00 €. Berechne, wie viel Euro beim Verkauf aller Kästen eingenommen werden.

8 1 260 Paprikaschoten sollen in Netze zu je drei Stück verpackt werden. Jeweils 15 Netze kommen in eine Kiste.
Wie viele Kisten werden dafür benötigt?

9 Ergänze die fehlenden Zahlen.

a) Die Summe
in den Spalten,
in den Zeilen und
in den Diagonalen
ist 396.

33		
	132	
	66	

b) Das Produkt
in den Spalten,
in den Zeilen und
in den Diagonalen
ist 4 096.

128		
	16	64
8		

Rechengesetze

▶ **Grundwissen**

Beispiele:

- Kommutativgesetz: In einem Produkt dürfen die Faktoren vertauscht werden.

$5 \cdot 21 =$ _____ = ___

- Assoziativgesetz: In einem Produkt dürfen die Faktoren beliebig mit Klammern zusammengefasst werden.

$7 \cdot 4 \cdot 5 =$ _____ = ___

- Distributivgesetz: Eine Summe kann mit einer Zahl multipliziert werden, indem zuerst jeder Summand mit der Zahl multipliziert wird und die Produkte danach addiert werden.

$5 \cdot (40 + 6) =$ _____ = ___

▶ **Auftrag:** Ergänze die Beispiele.

Trainieren

1 Berechne.

a) $2 \cdot 111 =$ _____

b) $2 \cdot 51 =$ _____

c) $9 \cdot 400 =$ _____

d) $3 \cdot 132 =$ _____

e) $4 \cdot 25 =$ _____

f) $4 \cdot 75 =$ _____

g) $14 \cdot 8 =$ _____

h) $65 \cdot 3 =$ _____

2 Rechne vorteilhaft.

a) $19 \cdot 2 \cdot 5 =$ _____

b) $8 \cdot 5 \cdot 5 =$ _____

c) $2 \cdot 7 \cdot 5 =$ _____

d) $45 \cdot 4 \cdot 5 =$ _____

e) $10 \cdot 75 \cdot 2 =$ _____

f) $72 \cdot 4 \cdot 25 =$ _____

g) $8 \cdot 9 \cdot 2 =$ _____

h) $650 \cdot 0 \cdot 380 =$ _____

3 Schreibe jeweils das Ergebnis hinter den der vier Ausdrücke, den du am schnellsten berechnen kannst.

a) $(4 \cdot 5) \cdot 11 =$ _____ $(4 \cdot 11) \cdot 5 =$ _____ $(5 \cdot 11) \cdot 4 =$ _____ $(11 \cdot 5) \cdot 4 =$ _____

b) $(25 \cdot 7) \cdot 4 =$ _____ $(25 \cdot 4) \cdot 7 =$ _____ $(7 \cdot 4) \cdot 25 =$ _____ $(7 \cdot 25) \cdot 4 =$ _____

c) $(2 \cdot 13) \cdot 51 =$ _____ $(13 \cdot 51) \cdot 2 =$ _____ $(2 \cdot 51) \cdot 13 =$ _____ $(13 \cdot 2) \cdot 51 =$ _____

4 Setze jeweils die fehlenden Klammern, so dass wahre Aussagen entstehen.
Zusatzaufgabe: Gib die Ergebnisse an.

a) $10 \cdot 40 + 6 = 400 + 60$

b) $10 \cdot 36 - 6 = 10 \cdot 30$

c) $50 : 7 + 3 = 50 : 10$

d) $23 + 25 \cdot 5 = 48 \cdot 5$

e) $36 - 25 \cdot 11 = 11 \cdot 11$

f) $10 + 8 : 2 = 5 + 4$

5 Rechne vorteilhaft.

a) $7 \cdot 7 + 7 \cdot 13 =$ _____

b) $35 \cdot 2 + 35 \cdot 18 =$ _____

c) $12 \cdot 37 + 12 \cdot 13 =$ _____

d) $6 \cdot 7 + 4 \cdot 6 =$ _____

e) $120 \cdot 7 + 7 \cdot 80 =$ _____

f) $6 \cdot 16 + 14 \cdot 16 =$ _____

g) $19 \cdot 9 + 19 \cdot 91 =$ _____

h) $350 \cdot 8 + 50 \cdot 8 =$ _____

i) $1 \cdot 77 + 9 \cdot 77 =$ _____

j) $77 \cdot 0 + 77 \cdot 2 =$ _____

6 Ordne Aufgaben mit dem gleichen Ergebnis mithilfe des Distributivgesetzes einander zu.
Zusatzaufgabe: Löse die Aufgaben auf einem zusätzlichen Blatt.

$(53 + 12) \cdot 17$ $(53 + 17) \cdot 12$ $(17 + 12) \cdot 35$ $(35 + 12) \cdot 17$ $(35 + 21) \cdot 17$ $(25 + 31) \cdot 17$

$53 \cdot 12 + 17 \cdot 12$ $53 \cdot 17 + 12 \cdot 17$ $25 \cdot 17 + 31 \cdot 17$ $35 \cdot 17 + 21 \cdot 17$ $35 \cdot 17 + 12 \cdot 17$ $17 \cdot 35 + 12 \cdot 35$

7 Ergänze die Rechenzeichen.

a) $15 \;\square\; 5 \;\square\; 15 \;\square\; 5 = 150$ _____

b) $8 \;\square\; 37 \;\square\; 43 \;\square\; 8 = 640$ _____

c) $55 \;\square\; 5 \;\square\; 25 \;\square\; 5 = 0$ _____

d) $15 \;\square\; 21 \;\square\; 4 \;\square\; 21 = 231$ _____

e) $57 \;\square\; 38 \;\square\; 51 \;\square\; 2 = 121$ _____

Rechenzeichen
zum Abstreichen:

+ + +

– – –

. . . .

: :

Anwenden und Vernetzen

8 Verbinde jedes Gesetz mit den Aufgaben, bei deren Lösung es angewendet werden kann.
Löse die Aufgaben. Gib jeweils zwei unterschiedlich vorteilhafte Lösungswege an.

Kommutativgesetz der Addition $17 \cdot 4 \cdot 25 =$ _____

Assoziativgesetz der Addition $2 + 3 + 509 =$ _____

Kommutativgesetz der Multiplikation $2 \cdot 9 \cdot 5 =$ _____

Assoziativgesetz der Multiplikation $8 \cdot 17 + 12 \cdot 17 =$ _____

Distributivgesetz $195 + 88 + 12 =$ _____

9 Im folgenden Text sind insgesamt sechs Zahlwörter versteckt.

Tobias las vor neun Tagen ein Buch über das zwanzigste Jahrhundert.
Dabei machte besonders der Physiker Albert Einstein einen großen Eindruck auf ihn.
Vieles, was dieser entdeckte, war für Tobias neu.
Nur, dass er nicht alles verstanden hat, ließ Tobias fast verzweifeln.

a) Unterstreiche zuerst die 6 Zahlwörter im Text.
   Schreibe diese danach nach der Größe geordnet auf.

_____

b) Bilde die Summe der beiden größten Zahlen.
   Vermindere diese um das Produkt der beiden mittleren Zahlen.

_____

c) Bilde das Produkt der beiden mittleren Zahlen.
   Vermehre dies um das Doppelte der größten Zahl.

_____

Brüche als Teil eines Ganzen

▶ Grundwissen

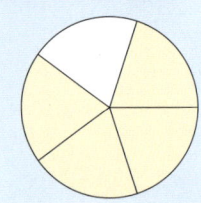

Anteile von Ganzen werden durch Brüche bezeichnet.

$\dfrac{4}{5}$

_____ gibt an, wie viele gleich große Teile vom Ganzen zu nehmen sind.

_____ gibt an, in wie viele gleich große Teile ein Ganzes zerlegt wurde.

▶ Auftrag: Ergänze die Fachbegriffe.

Trainieren

1 Gib jeweils den Anteil der farbigen Fläche an der ganzen Figur in Bruchschreibweise an.

a)

b)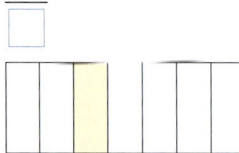

c)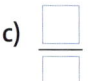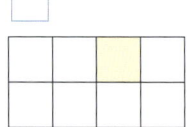

d)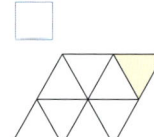

e)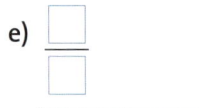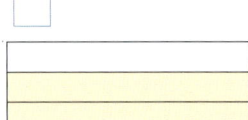

f)

g)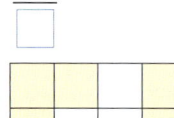

h)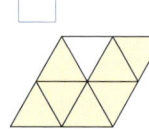

i)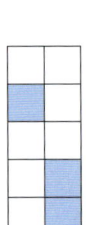

j)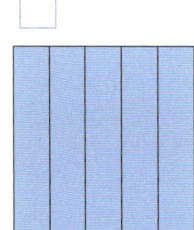

k)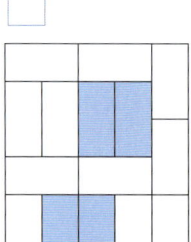

l)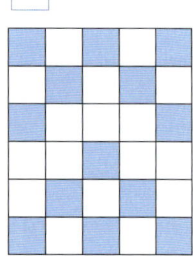

2 Färbe folgende Anteile ein.

a) $\dfrac{3}{4}$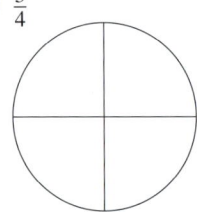

b) $\dfrac{4}{6}$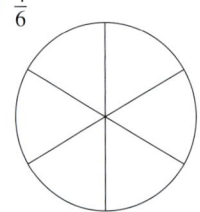

c) $\dfrac{3}{8}$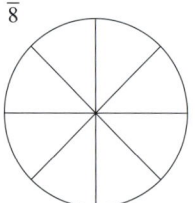

d) $\dfrac{5}{6}$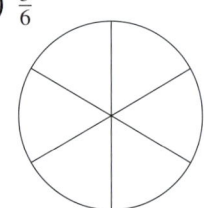

e) $\dfrac{7}{30}$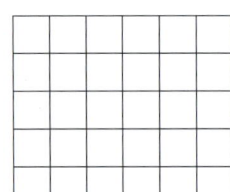

f) $\dfrac{2}{3}$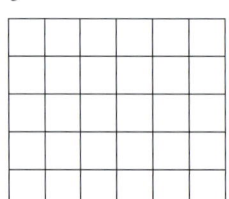

g) $\dfrac{7}{25}$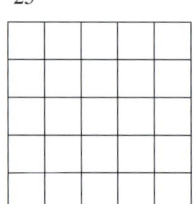

h) $\dfrac{3}{5}$

3 Aus kleinen Würfeln soll der rechts abgebildete große Würfel gebaut werden.
Gib jeweils den fertig gestellten und den noch fehlenden Anteil an.

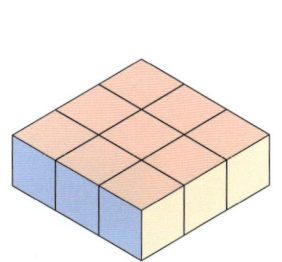

fertig gestellter Anteil:

$\frac{9}{27}\left(=\frac{1}{3}\right)$ _____   _____   _____   _____

noch fehlender Anteil:

_____   _____   _____   _____

Anwenden und Vernetzen

4 Katja hat eine Tafel Schokolade in der Hand.
Sie sagt zu Sandra: „Ich behalte $\frac{3}{5}$ der Schokolade und du bekommst $\frac{3}{4}$."
Was meinst du dazu? Begründe.
Hinweis: Veranschauliche die Situation.

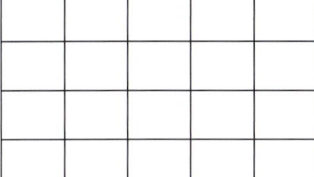   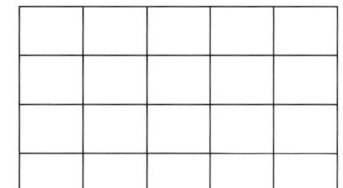

5 Jeweils ein Teil einer Fläche wurde dargestellt. Wie könnte die ganze Fläche aussehen?
Zeichne jeweils mindestens eine Möglichkeit.

a) Das ist ein Viertel der Fläche.   **b)** Das sind zwei Drittel der Fläche.   **c)** Das sind drei Fünftel der Fläche.

    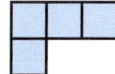   

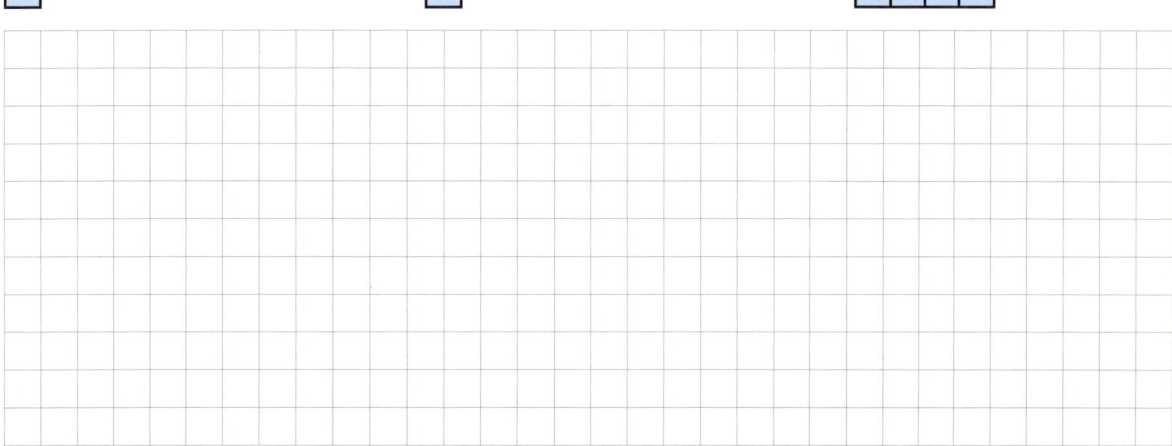

Bruchteile von Größen

► **Grundwissen**

Mit Brüchen können Anteile von Größen angegeben werden.
Die absolute Größe des Anteils erhält man, indem die Angabe durch den Nenner des Bruchs geteilt wird und das Ergebnis mit dem Zähler multipliziert wird. Oft ist zuvor in eine kleinere Einheit umzurechnen.

Beispiel:

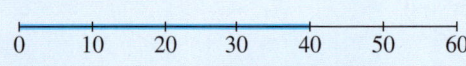

$\frac{2}{3}$ von 60 mm sind 40 mm.   Rechnung: _____ : 3 = _____   _____ · 2 = _____

► **Auftrag:** Ergänze das Beispiel.

Trainieren

1 Veranschauliche jeweils den gegebenen Bruch und gib die Länge der entsprechenden Strecke an.

a) 0 ⊢————————————————⊣ 1

   $\frac{3}{4}$ von 60 mm sind _____

b) 0 ⊢————————————————⊣ 1

   $\frac{5}{6}$ von 60 mm sind _____

c) 0 ⊢————————————————⊣ 1

   $\frac{1}{3}$ von 60 mm sind _____

d) 0 ⊢————————————————⊣ 1

   $\frac{5}{12}$ von 60 mm sind _____

e) 0 ⊢————————————————⊣ 1

   $\frac{4}{15}$ von 60 mm sind _____

f) 0 ⊢————————————————⊣ 1

   $\frac{17}{20}$ von 60 mm sind _____

2 Rechne im Kopf.

a) Masse und Geld

	20 t	40 kg	200 g	500 mg	120 €	160 ct
$\frac{1}{4}$ von … sind …	5 t					
$\frac{3}{4}$ von … sind …						

b) Länge
Hinweis zur letzten Spalte: $1\frac{1}{2}$ m = 150 cm

	90 km	600 m	120 dm	180 cm	240 mm	$1\frac{1}{2}$ m
$\frac{1}{3}$ von … sind …	30 km					
$\frac{2}{3}$ von … sind …						
$\frac{7}{10}$ von … sind …						

c) Zeit
Hinweise zu den beiden letzten Spalten: Rechne 3 Jahre in Monate um. Gib wenn nötig halbe Wochen an.

	24 h	60 min	12 s	36 d	3 Jahre	6 Wochen
$\frac{1}{12}$ von … sind …	2 h					
$\frac{5}{12}$ von … sind …						
$\frac{5}{6}$ von … sind …						

3 Rechne jeweils zuerst rechts mit Cent.
Gib danach links das Ergebnis in Euro an.

a) $\frac{1}{5}$ von 2 € sind _____ $\frac{1}{5}$ von _____ ct sind _____

b) $\frac{3}{4}$ von 2 € sind _____ $\frac{3}{4}$ von _____ ct sind _____

c) $\frac{5}{8}$ von 4 € sind _____ $\frac{5}{8}$ von _____ ct sind _____

d) $\frac{2}{7}$ von 3,50 € sind _____ $\frac{2}{7}$ von _____ ct sind _____

4 Rechne jeweils zuerst rechts mit der nächstkleineren Einheit.
Gib danach links das Ergebnis in der gegebenen Einheit an.

Hinweis: 1 t = 1 000 kg   1 kg = 1 000 g   1 g = 1 000 mg
             1 km = 1 000 m   1 m = 10 dm   1 dm = 10 cm   1 cm = 10 mm

a) $\frac{3}{10}$ von 6 t sind _____ $\frac{3}{10}$ von _____ kg sind _____

b) $\frac{5}{12}$ von 1,2 kg sind _____ $\frac{5}{12}$ von _____ g sind _____

c) $\frac{3}{4}$ von 5 g sind _____ $\frac{3}{4}$ von _____ mg sind _____

d) $\frac{7}{8}$ von 5,6 km sind _____ $\frac{7}{8}$ von _____ m sind _____

e) $\frac{6}{5}$ von 4 m sind _____ $\frac{6}{5}$ von _____ dm sind _____

f) $\frac{7}{12}$ von 1,2 dm sind _____ $\frac{7}{12}$ von _____ cm sind _____

g) $\frac{5}{6}$ von 4,2 cm sind _____ $\frac{5}{6}$ von _____ mm sind _____

h) $\frac{3}{11}$ von $2\frac{1}{5}$ cm sind _____ $\frac{3}{11}$ von _____ mm sind _____

Anwenden und Vernetzen

5 Elias und Sahra möchten für sich und ihre Freunde Obstsalat zubereiten.
Welche Mengen der Zutaten sollten sie für 6 Portionen nehmen?

Obstsalat (4 Portionen)

6 Kiwis; 1 Mango; 3 Orangen; 2 Passionsfrüchte

1 Esslöffel Honig;

$\frac{1}{4}$ l Sahne;

$\frac{1}{2}$ Teelöffel Vanillemark

_____

_____

6 Daniel sagt: „Von einem Fünftel unserer Klasse ist das Geld für unsere Klassenfahrt bereits eingesammelt."
Ladina sagt: „Es sind 555 €"
In der Klasse sind 25 Schüler. Wie viel Geld ist pro Schüler einzusammeln?

_____

_____

Maßstab

Der Maßstab ist das Verhältnis (der Quotient) der Länge einer beliebigen Strecke im Bild zur entsprechenden Länge der Strecke im Original (in Wirklichkeit).

Beispiel: Im rechten Bild des Maikäfers entspricht jeder 1 cm langen Strecke

eine ____ cm lange Stecke im linken Original. Der Maßstab ist ____ : ____ .

▶ **Auftrag:** Bestimme den Maßstab des rechten Bildes vom Maikäfer.

1 Gib die zugehörigen Maßstäbe an und ermittle, wie lang eine 2 km lange Originalstrecke auf einer Karte wäre.

a) 0   250   500   750   1000   1250   1500 m

Maßstab: _____   2 km entsprechen _____ auf der Karte.

b) 0   1   2   3   4   5   6 km

Maßstab: _____   2 km entsprechen _____ auf der Karte.

c) 0   10   20   30   40   50   60 km

Maßstab: _____   2 km entsprechen _____ auf der Karte.

d) 0   5   10   15 km

Maßstab: _____   2 km entsprechen _____ auf der Karte.

2 Ergänze die Tabellen und die Tabellenüberschriften.

a) Maßstäbliche _____

Maßstab	1 : 25	1 : 300	1 : 5	1 : 150
Länge im Bild	2 mm	3 cm		
Länge im Original			2,5 cm	300 dm

b) Maßstäbliche _____

Maßstab	5 : 1	10 : 1	20 : 1	40 : 1
Länge im Bild	2 mm	3 cm		
Länge im Original			25 m	2,8 dm

3 Euer derzeitiger Unterrichtsraum soll umgestaltet werden. Dazu muss ein maßstabsgetreuer Grundriss auf einem DIN-A4-Blatt angefertigt werden. Welchen Maßstab würdest du empfehlen?
Hinweis: Vergleicht die Vorschläge untereinander.

4 Der Airbus A380 ist der Rekordhalter im Passagiertransport und das zweitgrößte Flugzeug der Welt.
Die Antonow AN-225 ist 11 Meter länger und auch bei der Flügelspannweite übertrifft sie den Airbus um acht Meter.

Daten zum Airbus A380

Länge:	72,30 m
Flügelspannweite:	79,80 m
Höhe:	24,10 m
Maximale Passagierkapazität:	853

a) Das Foto zeigt ein Modell des Airbus A380 mit rund 30 cm Flügelspannweite.
Jeweils eine der Angaben ist richtig. Kreuze diese an.

Maßstab des Modells: ☐ 1 : 25   ☐ 1 : 250   ☐ 1 : 2 500   ☐ 25 : 1   ☐ 250 : 1   ☐ 2500 : 1

Höhe des Modells: ☐ ca. 0,1 km   ☐ ca. 0,1 cm   ☐ ca. 0,1 dm   ☐ ca 1 m   ☐ ca. 10 cm   ☐ ca. 1000 mm

b) Stell dir vor, ein Original Airbus A380 und eine Antonow AN-225 sollen mit möglichst geringem Rechenaufwand groß und von oben gesehen auf jeweils ein DIN-A4-Blatt gezeichnet werden.
Welcher Maßstab ist dafür geeignet?
Wie lang und breit werden die entsprechenden Bilder der Flugzeuge etwa?

_____

_____

_____

_____

Anwenden und Vernetzen

5 Plane eine $2\frac{1}{2}$- bis 3-stündige Stadtwanderung und zeichne den Weg ein.
Ziel und Ausgangspunkt ist der Schlossturm am Rheinufer.
Beachte, dass durchschnittlich 4 km pro Stunde zurückgelegt werden.
Hinweis: Lass deinen Vorschlag von einer Mitschülerin oder einem Mitschüler überprüfen.

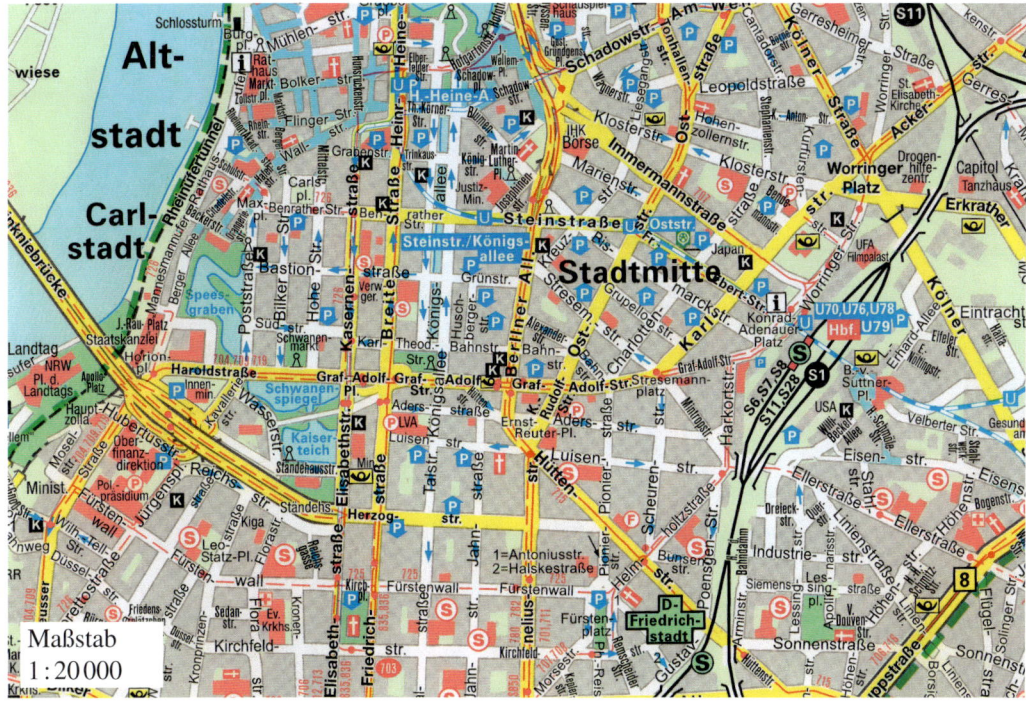

Maßstab
1 : 20 000

Flächen vergleichen

▶ **Grundwissen**

Die Größen verschiedener Flächen kann man vergleichen,
indem man sie in gleich großen Flächen unterteilt.
Solche Flächen können z. B. sein:

_____

_____

▶ **Auftrag:** Nenne drei mögliche Einheitsflächen.

Trainieren

1 Umrande Figuren, deren Flächen gleich groß sind, mit der gleichen Farbe.

2 Zeichne rechts ein Rechteck, dessen Fläche genauso groß ist wie die der Fläche links.

3 Ordne nach der Größe. Beginne mit der kleinsten Fläche.
   aufgeklappte Tafel; Schulhof; Tür; Fußboden der Turnhalle; ein kleines Fenster; Lehrertisch

   _____

   _____

4 Ermittle, wie viele Quadrate an den hellen Stellen noch einzuzeichnen sind.
Welche der Stellen ist am größten?

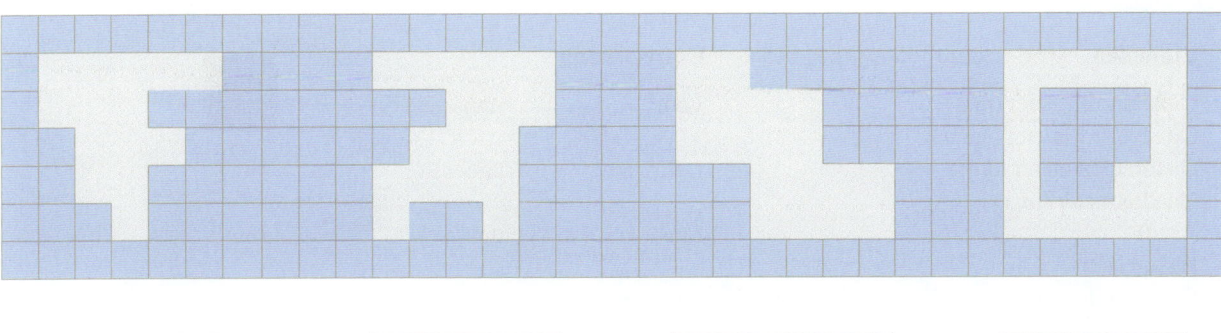

_____   _____   _____   _____

_____

5 Ordne die Flächen der Größe nach.

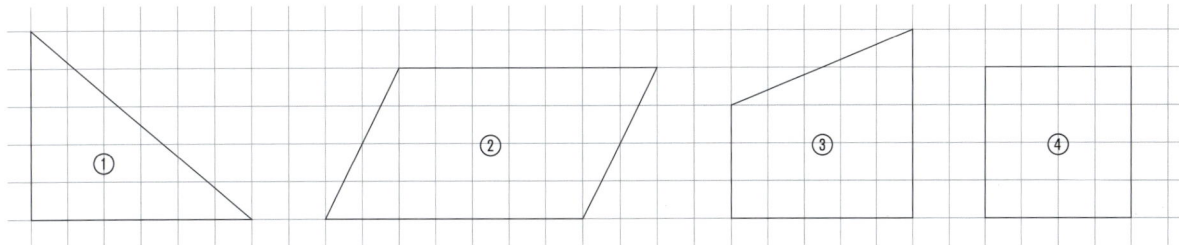

Anwenden und Vernetzen

6 Die Figuren unten wurden aus den Teilen eines chinesischen Tangrams gelegt.
Ein Tangram ist einfach herzustellen.
Übertrage dazu die rechte Figur auf Karopapier.
Schneide die Teilflächen aus.
Lege mindestens drei der Figuren. Notiere deine Lösung, indem du
entsprechende Linien in die abgebildeten Figuren einzeichnest.

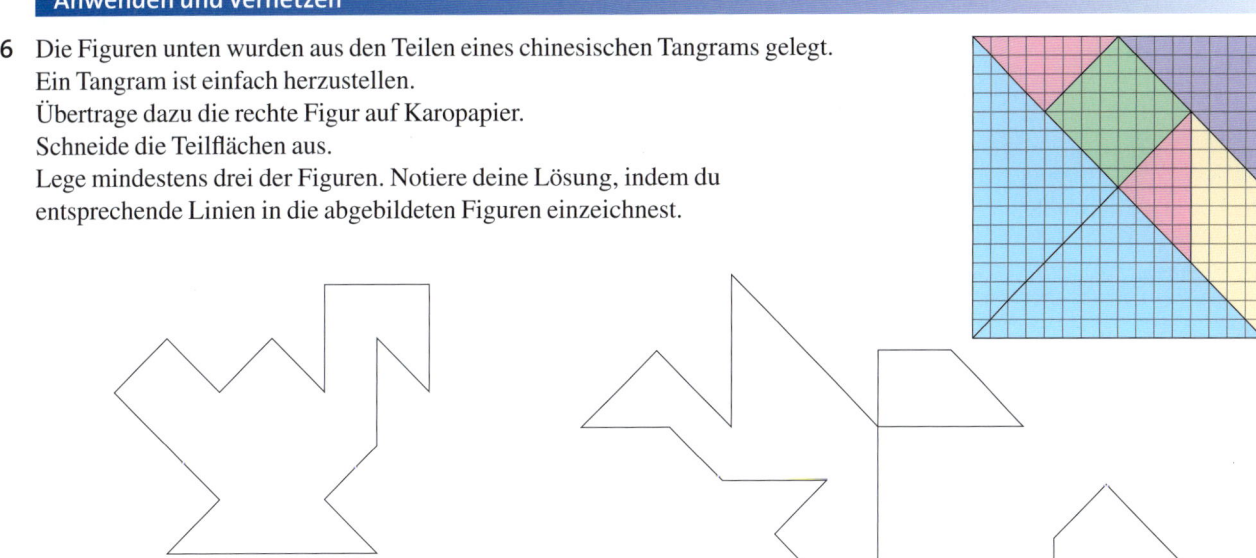

Flächeneinheiten

▶ **Grundwissen**

Einheiten

Quadratmillimeter (mm^2)
Quadratzentimeter (cm^2)
Quadratdezimeter (dm^2)
Quadratmeter (m^2)
Ar (a)
Hektar (ha)
Quadratkilometer (km^2)

Umrechnung

1 cm^2 = _____ mm^2

1 dm^2 = _____ cm^2

1 m^2 = _____ dm^2

1 a = _____ m^2

1 ha = _____ a

1 km^2 = _____ ha

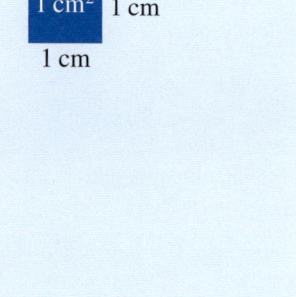

▶ **Auftrag:** Ergänze die Umrechnungen.

Trainieren

1   Gib die Flächeninhalte der Figuren in Quadratmillimeter und in Quadratzentimeter an.
Hinweis: Jedes kleine Quadrat ist 1 mm^2 groß.

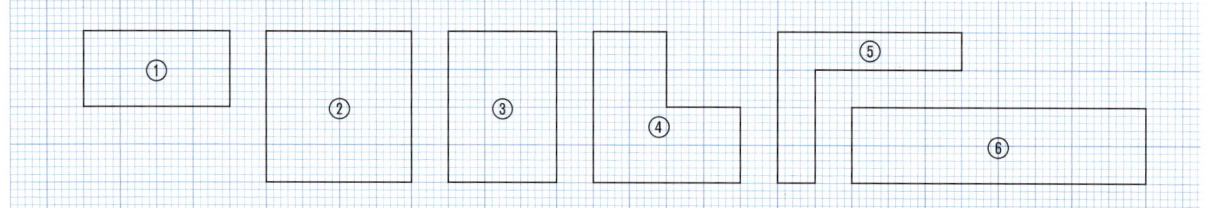

① _____   ② _____   ③ _____

④ _____   ⑤ _____   ⑥ _____

2   Rechne in die nächstkleinere Einheit um.

a) 12 cm^2 = _____   b) 5 dm^2 = _____   c) 3 m^2 = _____

d) 4 m^2 = _____   e) 8 cm^2 = _____   f) 6 dm^2 = _____

g) 8 m^2 = _____   h) 9 cm^2 = _____   i) 7 cm^2 = _____

3   Rechne in die nächstgrößere Einheit um.

a) 300 cm^2 = _____   b) 900 mm^2 = _____   c) 800 dm^2 = _____

d) 500 mm^2 = _____   e) 200 dm^2 = _____   f) 700 cm^2 = _____

g) 1 000 dm^2 = _____   h) 2 000 cm^2 = _____   i) 3 000 dm^2 = _____

4   Ergänze jede Einheit genau einmal.

a) Fläche eines Fingernagels: 20 ___   b) Fläche eines Waldes: 5 _____   c) Fläche einer Wohnung: 1 _____

d) Fläche Europas: 10 180 000 ___   e) Fläche einer Buchseite: 5 ___   f) Fläche eines Türblattes: 2 ___

5 Ordne jeder Fläche eine Größenangabe zu.
Gib die Größenangabe in der angegebenen Einheit an.

Fläche eines Tisches	$2\,a =$ _____ m^2
Fläche des Bodensees	$2\,m^2 =$ _____ dm^2
Fläche eine Parkplatzes	$500\,km^2 =$ _____ ha
Fläche eines Fußabdrucks	$1\,ha =$ _____ a
Fußballfeld mit umliegender Laufbahn	$3\,dm^2 =$ _____ cm^2

6 Wandle in jede Einheit bis zur vorgegebenen Einheit um.

a) $2\,400\,000\,mm^2 =$ _____ dm^2 b) $780\,000\,mm^2 =$ _____ dm^2

c) $50\,000\,cm^2 =$ _____ m^2 d) $7\,900\,000\,cm^2 =$ _____ m^2

e) $700\,000\,dm^2 =$ _____ a f) $2\,700\,000\,dm^2 =$ _____ a

g) $408\,000\,000\,m^2 =$ _____ ha h) $600\,000\,a =$ _____ km^2

Anwenden und Vernetzen

7 Ergänze.

a) $17\,dm^2 + 303\,cm^2 + 500\,mm^2 =$ _____ $=$ _____ cm^2

b) $20\,m^2 + 33\,m^2 + 500\,000\,cm^2 =$ _____ $=$ _____ m^2

c) $5\frac{1}{4}\,km^2 + 500\,m^2 + 500\,a =$ _____ $=$ _____ a

d) $5\,km^2 + 33\,ha + 500\,a =$ _____ $=$ _____ ha

8 Kann das stimmen? Kreuze an.
Begründe deine Entscheidung durch Umwandeln in eine andere Einheit.

a) Amelie sagt: „Mein Onkel kann mit seinen Händen $500\,000\,mm^2$ abdecken."   ☐ ja   ☐ nein

_____

b) Moritz sagt: „Das Auto steht auf einem 15 Millionen Quadratmillimeter großen Parkplatz."   ☐ ja   ☐ nein

_____

c) Johanna sagt: „Unser Klassenraum ist $0,0002\,ha$ groß."   ☐ ja   ☐ nein

_____

d) Niklas sagt: „Hundert Rollen Blümchentapete reichen für ca. $5\,a$."   ☐ ja   ☐ nein

_____

e) Elina sagt: „Die Spitze einer Spritze ist $1,5\,mm^2$ dick."   ☐ ja   ☐ nein

_____

Flächeninhalte von Rechtecken und Quadraten

▶ **Grundwissen**

Beispiele:

- Der Flächeninhalt eines Rechtecks wird berechnet, indem man die Länge des Rechtecks mit seiner Breite multipliziert.
  $A = a \cdot b$

$A = \underline{\hspace{1.5em}} \cdot \underline{\hspace{1.5em}} = \underline{\hspace{1.5em}}$

- Der Flächeninhalt eines Quadrats wird berechnet, indem man die Seitenlänge des Quadrats mit sich selbst multipliziert.
  $A = a \cdot a = a^2$

$A = \underline{\hspace{1.5em}} \cdot \underline{\hspace{1.5em}} = \underline{\hspace{1.5em}}$

▶ **Auftrag:** Ergänze das Beispiel.

Trainieren

1 Ermittle die Flächeninhalte.

a)

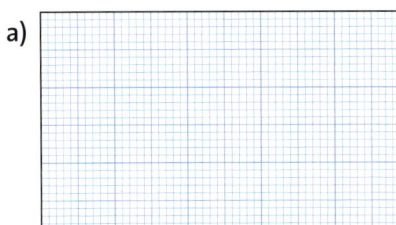

$A = \underline{\hspace{1.5em}} \cdot \underline{\hspace{1.5em}} = \underline{\hspace{1.5em}}$

b)

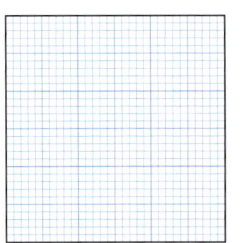

$A = \underline{\hspace{1.5em}} \cdot \underline{\hspace{1.5em}} = \underline{\hspace{1.5em}}$

c)

$A = \underline{\hspace{1.5em}} \cdot \underline{\hspace{1.5em}} = \underline{\hspace{1.5em}}$

2 Berechne.

a) Flächeninhalte von Rechtecken

	Rechteck ①	Rechteck ②	Rechteck ③	Rechteck ④	Rechteck ⑤	Rechteck ⑥
Länge	10 mm	4 cm	8 dm	7 m	2 km	15 cm
Breite	8 mm	6 cm	5 dm	3 m	9 km	11 cm
Flächeninhalt						

b) Flächeninhalte von Quadraten

	Quadrat ①	Quadrat ②	Quadrat ③	Quadrat ④	Quadrat ⑤	Quadrat ⑥
Länge	10 mm	4 cm	8 dm	7 m	50 km	11 cm
Flächeninhalt						

3 Ergänze in der Tabelle die Flächeninhalte und Seitenlängen von Rechtecken und Quadraten. Unterstreiche im Tabellenkopf alle Flächen, die Rechtecke und keine Quadrate sind.

	Fläche ①	Fläche ②	Fläche ③	Fläche ④	Fläche ⑤	Fläche ⑥
Länge			9 dm	30 m	20 km	12 cm
Breite	11 mm	7 cm			20 km	5 cm
Flächeninhalt	770 mm²	56 cm²	81 dm²	900 m²		

4 Ordne mit Linien alle Flächeninhalte zu.
   Hinweis: Zwei Angaben bleiben übrig.

Kinderzimmer	Briefmarke	Notizzettel	Garten	Beet
3,5 m × 4 m	3,5 cm × 2 cm	3,5 cm × 4 cm	35 m × 20 m	3,5 m × 2 m

700 m²	14 cm²	14 m²	140 cm²	700 cm²	7 cm²	7 m²

Anwenden und Vernetzen

5 Hanna und Marie haben 8 m Drahtzaun und vier Pfosten, daraus wollen sie für ihr Meerschweinchen ein rechteckiges
   Gehege bauen. Beide haben bereits Lösungsmöglichkeiten gezeichnet.
   Hinweis: 1 cm soll jeweils 1 m entsprechen.

a) Zeichne zuerst auf, wie du ein entsprechendes möglichst großes Gehege anlegen würdest.
    Berechne danach die Größe aller drei Flächen für das Meerschweinchen.

Vorschlag 1:   Vorschlag 2:   Vorschlag 3:

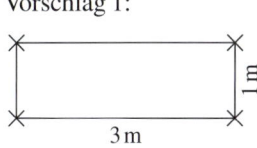   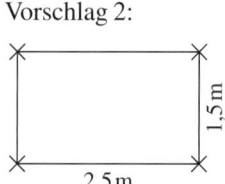

Die Fläche ist _____ m² groß.   Die Fläche ist _____ m² groß.   Die Fläche ist _____ m² groß.

b) Hanna kam auf die Idee, als eine Seite des Geheges die Garagenwand zu nutzen.
    Zeichne zuerst auf, wie du ein entsprechendes möglichst großes Gehege anlegen würdest.
    Berechne danach die Größe aller drei Flächen für das Meerschweinchen.

Vorschlag 1:   Vorschlag 2:   Vorschlag 3:

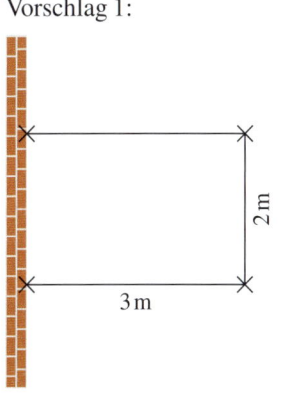   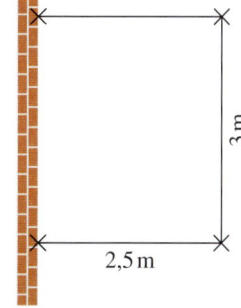

Die Fläche ist _____ m² groß.   Die Fläche ist _____ m² groß.   Die Fläche ist _____ m² groß.

Umfänge von Rechtecken und Quadraten

▶ **Grundwissen**

Wenn man die Längen aller Seiten einer Fläche addiert, erhält man den Umfang u der Fläche.
Beispiele:

Rechteck
$u = a + b + a + b$
$u = 2 \cdot a + 2 \cdot b$

Quadrat
$u = a + a + a + a$
$u = 4 \cdot a$

$u = 2 \cdot \underline{\quad} + 2 \cdot \underline{\quad} = \underline{\quad}$
$u = 4 \cdot \underline{\quad} = \underline{\quad}$

▶ **Auftrag:** Ergänze das Beispiel.

Trainieren

1   Ermittle die Umfänge. Miss dafür die benötigten Seitenlängen.

a)
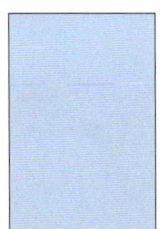

b)

c)

d)
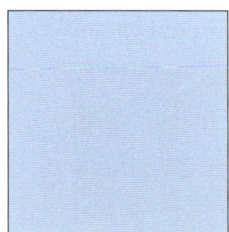

_____   _____   _____   _____

2   Berechne.

a)   Umfänge von Quadraten

	Quadrat ①	Quadrat ②	Quadrat ③	Quadrat ④	Quadrat ⑤	Quadrat ⑥
Länge	10 mm	4 cm	8 dm	7 m	50 km	11 cm
Umfang						

b)   Umfänge von Rechtecken

	Rechteck ①	Rechteck ②	Rechteck ③	Rechteck ④	Rechteck ⑤	Rechteck ⑥
Länge	12 mm	4 cm	8 dm	7 m	2 km	15 cm
Breite	8 mm	16 cm	5 dm	8 m	9 km	11 cm
Umfang						

3   Es sind die Seitenlängen a und b von Rechtecken gegeben.

a)   Welche der Rechtecke haben den gleichen Umfang?

Rechteck ①: $a = 20$ cm; $b = 8$ cm; $u = $ _____   Rechteck ②: $a = 8$ cm; $b = 25$ mm; $u = $ _____

Rechteck ③: $a = 4$ cm; $b = 6$ dm; $u = $ _____   Rechteck ④: $a = 1,5$ cm; $b = 9$ cm; $u = $ _____

Rechteck ⑤: $a = 32$ cm; $b = 32$ cm; $u = $ _____   Rechteck ⑥: $a = 2,5$ cm; $b = 9$ cm; $u = $ _____

_____

b)   Gib ein Beispiel für Seitenlängen eines Rechtecks mit einem Umfang von 16 m an. _____

4 Wessen Aussage ist falsch? Begründe.

Cansu sagt: „Ich habe mit dem 2 m langen Gliedermaßstab ein Quadrat mit 40 cm langen Seiten gelegt."
Danis sagt: „Ich habe mit dem 2 m langen Gliedermaßstab ein Quadrat mit 6 dm langen Seiten gelegt."
Abdul sagt: „Ich habe mit dem 2 m langen Gliedermaßstab ein Rechteck mit 2 dm und 8 dm langen Seiten gelegt."

_____

5 Ergänze die Tabelle.

	Fläche ①	Fläche ②	Fläche ③	Fläche ④	Fläche ⑤	Fläche ⑥
Länge	20 km	12 cm	30 m	0,9 dm		
Breite	20 km	5 cm			30 mm	7 cm
Umfang			120 m	3,6 dm	20 cm	5 dm

Anwenden und Vernetzen

6 Seitenumfang des Arbeitsheftes

a) Ermittle den Umfang einer Seite dieses Arbeitsheftes. Runde sinnvoll.

_____

b) Ermittle den Umfang einer Doppelseite dieses Arbeitsheftes? Gib diesen in mehreren Einheiten an.

_____

c) Nina sagt: „Das ganze Arbeitsheft hat einen Umfang von rund 70 Seiten."
Was meint sie damit?

_____

_____

7 Ein 40 m langes rechteckiges Grundstück soll mit einem
Holzzaun eingezäunt werden. Die Handwerker benötigen insgesamt
117 m Holzzaun, wobei die drei Meter lange Einfahrt frei bleibt.
Wie breit ist das Grundstück?

_____

_____

_____

8 Ordne jeder Figur einen der folgenden gerundeten Umfänge zu.   8 cm; 10 cm; 12 cm

a) 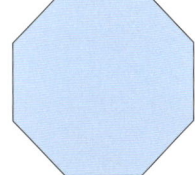   **b)** 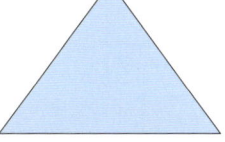   **c)**    **d)**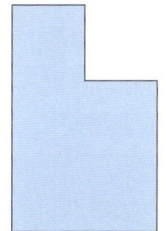

_____   _____   _____   _____

Achsensymmetrie erkennen und herstellen

▶ **Grundwissen**

Eine achsensymmetrische Figur kann so zusammengefaltet
werden, dass dabei entstehende Teile genau aufeinander passen.
Die Gerade, an der gefaltet wurde, heißt Symmetrieachse.

_____

▶ **Auftrag:** Wie viele Symmetrieachsen hat das Verkehrszeichen? Zeichne sie ein.

▶ **Trainieren**

1 Welche der Figuren sind achsensymmetrisch?
Zeichne in diesen Figuren alle Symmetrieachsen ein.
Begründe gegebenenfalls, warum keine Achsensymmetrie vorliegt.

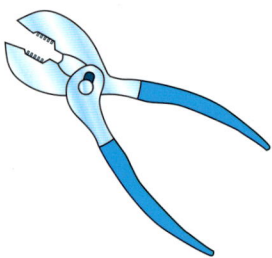

2 Ergänze so zu achsensymmetrischen Figuren, dass die Gerade g jeweils die Symmetrieachse ist.
Färbe Teile von Flächen so ein, dass die Achsensymmetrie erhalten bleibt.

a)
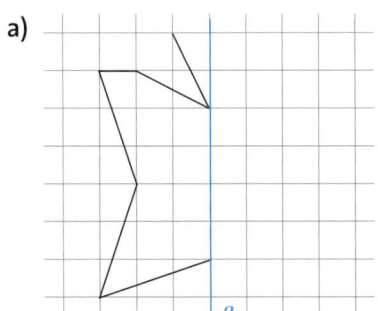

b)
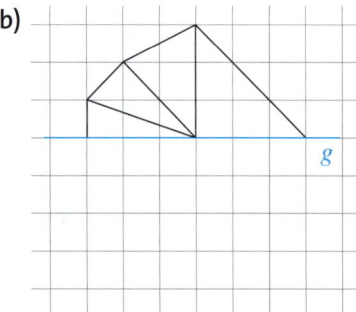

c)
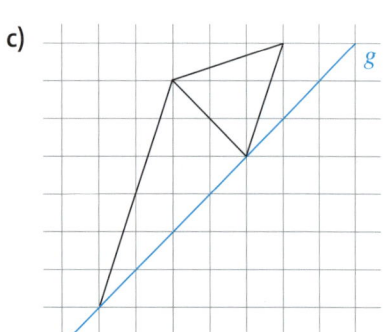

3 Spiegele die Figur an der Geraden *g*.
Hinweis: Der Originalpunkt *A* hat den Bildpunkt *A'*.

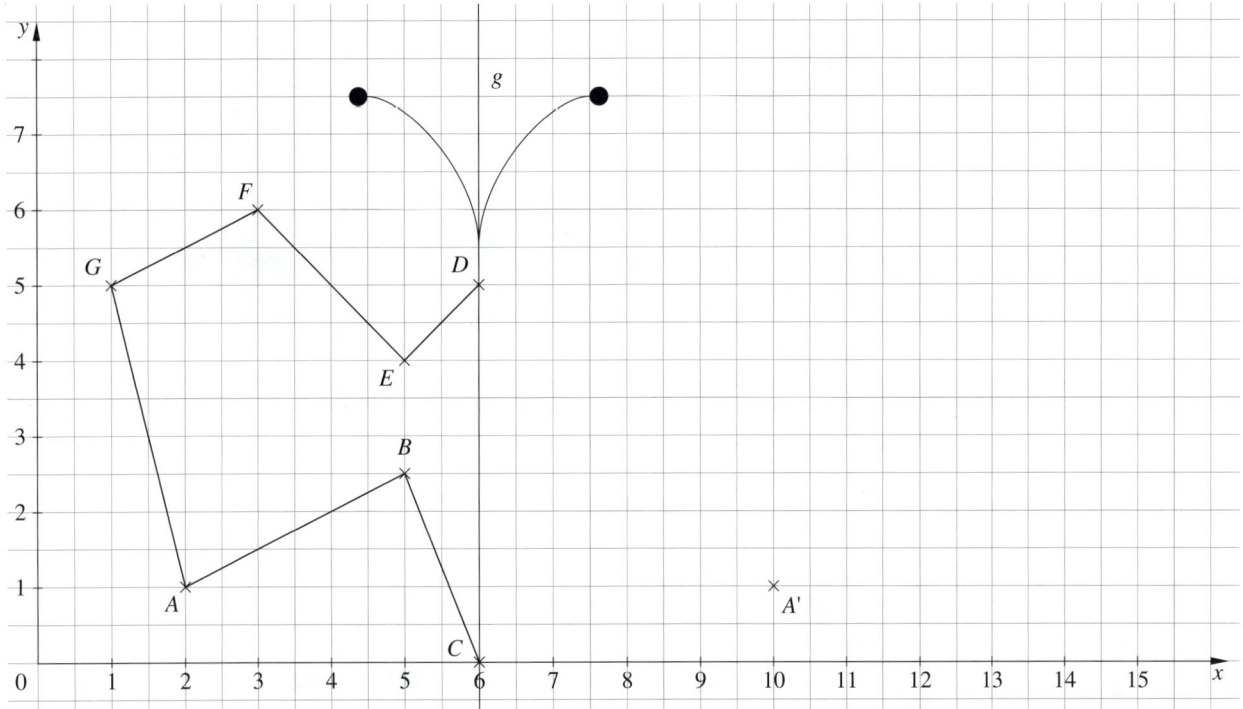

4 Zeichne eine Symmetrieachse ein und markiere die 10 Fehler in der rechten Figur.

5 Färbe jeweils weitere Karos oder Teile von Karos ein, sodass eine achsensymmetrische Figur entsteht, die nur eine einzige Symmetrieachse hat. Zeichne die Symmetrieachse ein.

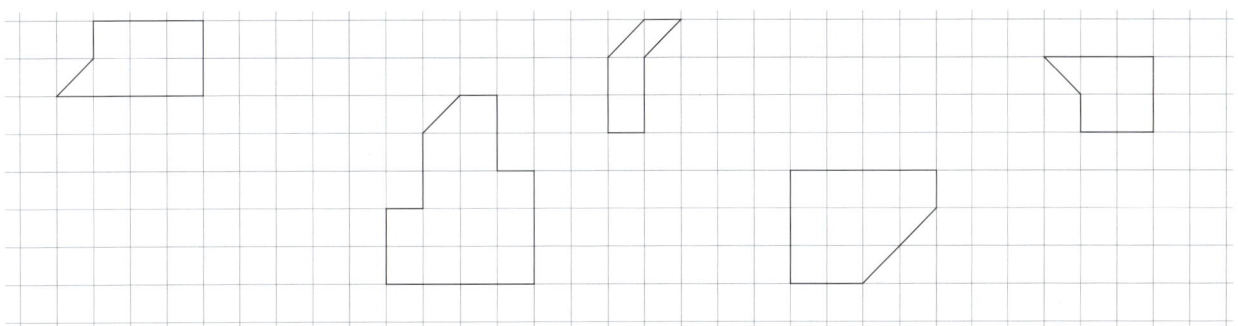

Punktsymmetrie erkennen und herstellen

► **Grundwissen**

Eine Figur, die man durch eine halbe Drehung
wieder in sich überführen kann, heißt punktsymmetrische Figur.
Der Symmetriepunkt ist jeweils ihr Mittelpunkt.

► **Auftrag:** Gib den Symmetriepunkt der Spielkarte an.

Trainieren

1   Welche der folgenden Spielkarten sind punktsymmetrisch?
Zeichne in diesen Bildern jeweils den Symmetriepunkt ein.
Markiere gegebenenfalls, warum keine Punktsymmetrie vorliegt.

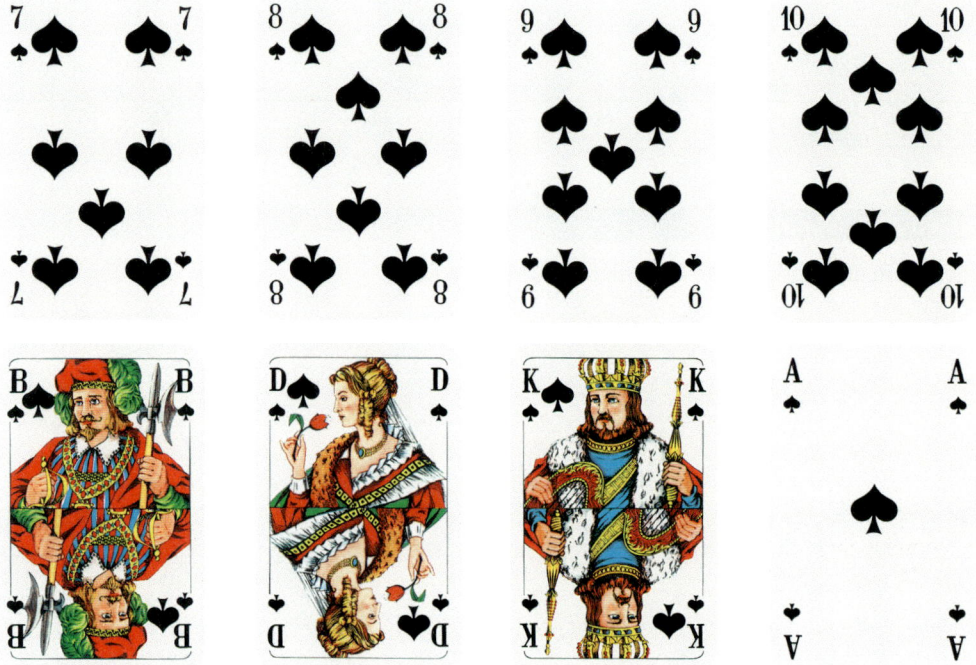

2   Markiere den Symmetriepunkt *S*, falls möglich.

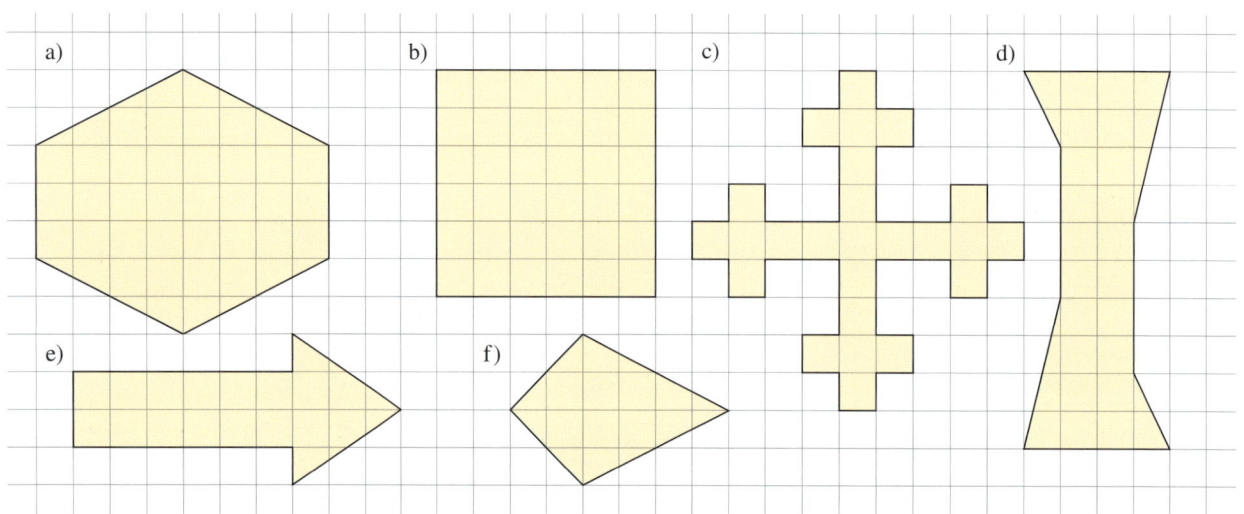

3   Ergänze zu punktsymmetrischen Figuren.

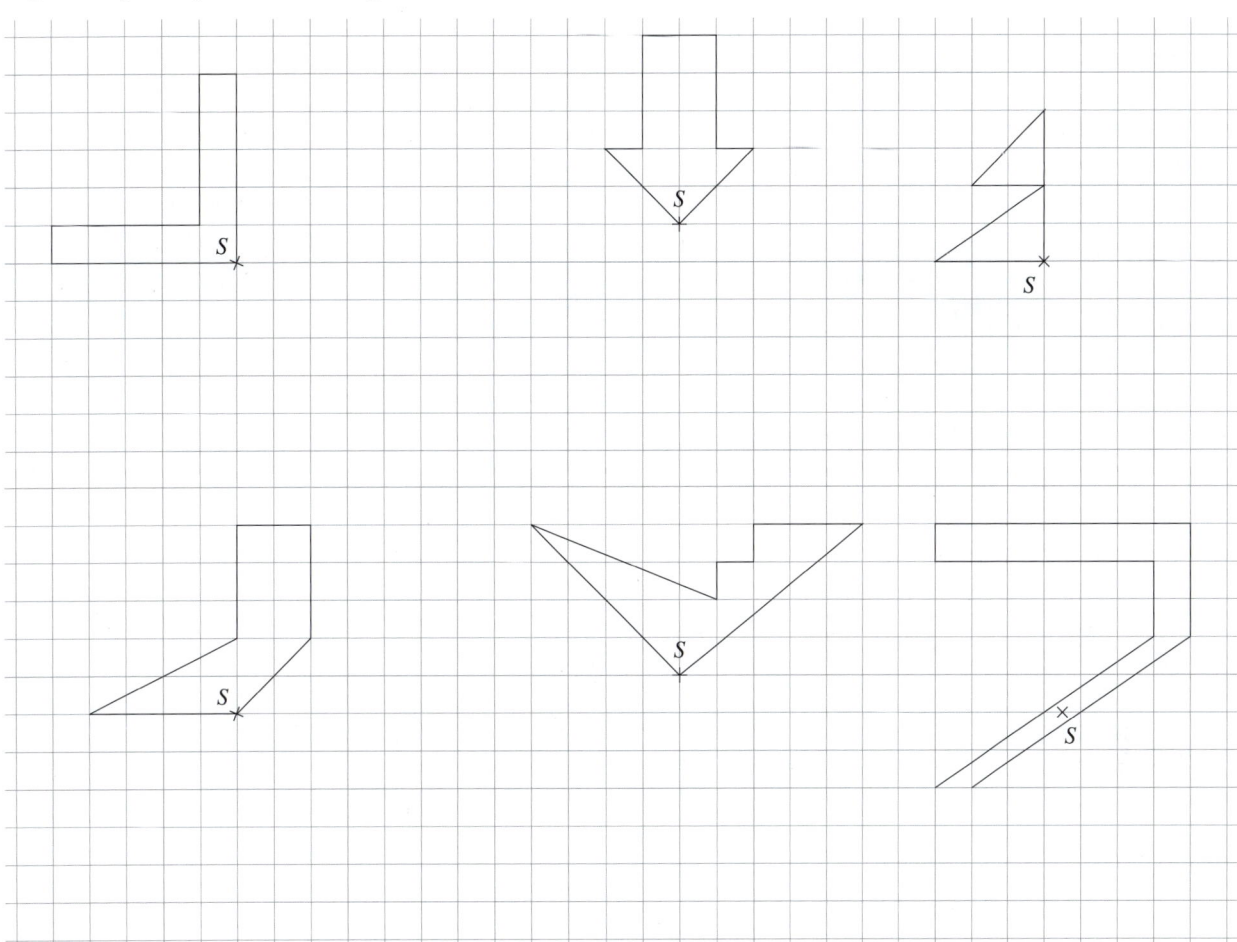

4   Flächen

a)   Kreuze die zutreffenden Eigenschaften in der Tabelle an.
Betrachte dabei jeweils nur die abgebildeten Figuren.

	punktsymmetrische Figur	achsensymmetrische Figur
Quadrat		
Raute		
Rechteck		
Parallelogramm		
Drachenviereck		
Trapez		
gleichseitiges Dreieck		
gleichseitiges Sechseck		

b)   Welche der abgebildeten Figuren haben mehr als zwei Symmetrieachsen?

_____

_____

Kapitel **Daten**

1 Jedes Symbol steht für zehn Bibliotheksbesucher.
Stelle im Säulendiagramm die Anzahl der Bibliotheksbesucher pro Tag dar.

Montag (Mo.)

Dienstag (Di.)

Mittwoch (Mi.)

Donnerstag (Do.)

Freitag (Fr.)

Anzahl der Bibliotheksbesucher

2 Bestellte Getränke

	Wasser	Tee	Cola	Apfelsaft	Kirschsaft	Bananensaft	Orangensaft
Striche	卌	||||	卌	卌 卌 |	卌 ||||	卌 ||	卌 卌
Anzahl							

a) Trage jeweils die entsprechende Anzahl in der Tabelle ein.

b) Ergänze die Angaben.

geordnete Liste: _____

Minimum: ____   Maximum: ____   Spannweite: ____   Zentralwert: ____

c) Timo sagt: „Wir sind 25. Also kann jeder mindestens zwei Getränke bekommen haben."
Kann das stimmen? Begründe deine Antwort mit einer Rechnung.

_____

3 Gib das Minimum und die geordnete Liste an.

Summe der vier Werte: 20   Minimum: ____   Maximum: 10   Spannweite: 8   Zentralwert: 4

geordnete Liste: _____

4 Runde links jeweils auf die angegebene Stelle.
Trage rechts, wo es sinnvoll ist, die gerundeten Zahl ein und sonst die gegebene Zahl.

a) Runde auf Hunderter: $257 \approx$ _____   Hans wohnt in der Schillerpromenade _____

b) Runde auf Tausender: $149\,647 \approx$ _____   Regensburg hat _____ Einwohner.

c) Runde auf Zehner: $4\,808 \approx$ _____   Der höchste Berg der Alpen ist _____ m hoch.

d) Runde auf Zehner: $573 \approx$ _____   Marias Schule hat _____ Schüler.

Kapitel Zahlen und Größen

1 Welche Zahlen gehören zu den farbig markierten Stellen?

a)

```
├┼┼┼┼┼┼┼┼┼┼┼┼┼┼┼┼┼┼┼┼┼┼┼┼┼┼┼┼►
0        50
```

b)

```
├┼┼┼┼┼┼┼┼┼┼┼┼┼┼┼┼┼┼┼┼┼┼┼┼┼┼┼┼►
0        5000
```

_____   _____

2 Welche Ziffern können jeweils für das Sternchen eingesetzt werden, damit wahre Aussagen entstehen?

a) $41\,475 < 41\,{*}85$ _____

b) $1\,883\,215 > 1\,88{*}215$ _____

c) $25\,580\,150 > 4\,1{*}8\,500$ _____

d) $832\,151 > 832\,15{*}$ _____

3 Vorgänger und Nachfolger

a) Gib eine vierstellige natürliche Zahl an, deren Vorgänger dreistellig ist. _____

b) Gib den Nachfolger von 999 999 mit Worten an. _____

4 Trage folgende Zahlen in die Stellenwerttafel ein.

a) zwölf Billionen dreißigtausendfünf

b) neun Milliarden sechzehntausenddreizehn

c) vier Milliarden dreihundert

d) achtundzwanzig Millionen vierhunderteintausend

Billionen			Milliarden			Millionen			Tausender					
H	Z	E	H	Z	E	H	Z	E	H	Z	E	H	Z	E

5 Rechne jeweils in die gegebene Einheit um.

a) $7\,km =$ _____ m

b) $85\,cm\,5\,mm =$ _____ mm

c) $780\,dm =$ _____ m

d) $7\,800\,g =$ ___ kg _____ g

e) $95\,t =$ _____ kg

f) $7\,500\,mg =$ _____ g

g) $9\,999\,ct =$ _____ €

h) $23\,€\,25\,ct =$ _____ ct

i) $1,95\,€ =$ _____ ct

j) $7\,d =$ _____ h

k) $1\,h\,30\,min =$ _____ min

l) $180\,s =$ _____ min

6 Ergänze jeweils eine Einheit, so dass die Aussage wahr sein kann.

a) Eine Arbeitsheftseite ist ca. 200 _____ breit und 3 _____ hoch.

b) Ein Päckchen Saft wiegt ca. 0,2 _____

c) Ein Atemzug dauert ca. 2 _____

7 Auf der Kirmes kann man 1 min 45 s Achterbahn für 5 € fahren, 2 min Autoscooter für 3 € und 90 s Karussell für 2,50 €.

a) Welche der Fahrten dauert am längsten?

_____

b) Wie viel Euro kostet es insgesamt, wenn man jeweils eine Fahrt macht?

_____

Kapitel **Addieren und subtrahieren**

1   Berechne.

a) 507 + 41 = _____

b) 827 + 19 = _____

c) 1 027 + 88 = _____

d) 200 − 87 = _____

e) 756 − 80 = _____

f) 75 600 − 80 = _____

g) 37 + 58 + 23 = _____

h) 67 − 18 − 17 = _____

i) 23 + 24 + 25 + 26 + 27 = _____

2   Schreibe jeweils zuerst das Ergebnis des Überschlags auf. Rechne danach schriftlich.

a) _____   **b)** _____   **c)** _____   **d)** _____

						6	8	0	6						8	6	4	5
	9	2	7	2		+	5	8	2	1		7	0	3	0	−		3	2	2
+	3	8	1	0		+	1	4	8	0		−	1	8	2	3	−	1	9	5	7

3   Ergänze jeweils die fehlenden Klammern.

a) 28 + 9 − 33 + 4 = 0   **b)** 64 − 13 + 45 + 4 = 10

> Klammern
> zum Abstreichen:
>
>   (;) ; (;)

4   Ermittle das Ergebnis.

a) Subtrahiere die Differenz von 52 und 24 von der Summe von 48 und 7.

_____

b) Der Subtrahend ist um 11 größer als der Minuend. Welchen Wert hat die Differenz?

_____

5   Wenn die Sonne an einem Ort am höchsten steht, ist an diesem Ort 12:00 Uhr mittags.
Dies ist nicht überall gleichzeitig der Fall, deshalb wurde die Erde in Zeitzonen unterteilt.

a) Wie spät ist es etwa in Südafrika,
wenn es bei uns 12:00 Uhr mittags ist?

_____

b) Wie spät ist es etwa in Australien,
wenn es bei uns 12:00 Uhr mittags ist?

_____

c) Wie spät ist es etwa auf Grönland,
wenn es in Südafrika 19:00 Uhr ist?

_____

d) Stelle eine weitere Aufgabe und löse diese.

_____

_____

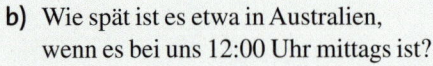

Kapitel **Geometrische Figuren zeichnen**

1   Entdecken von zueinander parallelen und senkrechten Strecken

   a) Markiere jeweils zueinander parallel verlaufende Strecken mit der gleichen Farbe.

   b) Markiere jeweils zueinander senkrecht verlaufende Strecken.

   c) Welche Vierecksarten enthält die Figur? Kreuze an.

      ☐ Quadrat

      ☐ Rechteck

      ☐ Parallelogramm

      ☐ Raute

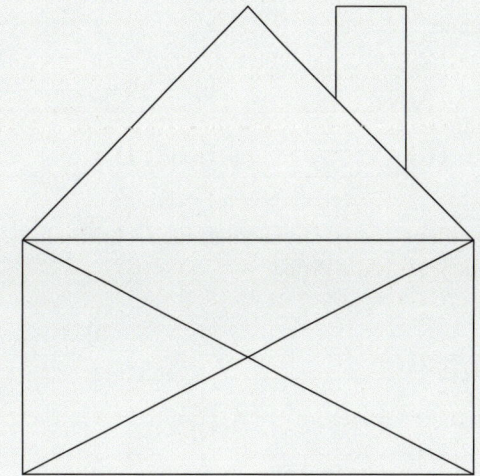

2   Zeichnen von zueinander parallelen und senkrechten Geraden

   a) Zeichne eine Senkrechte *h* zu *g* durch den Punkt *A*.

   b) Zeichne eine Parallele *i* zu *g* durch den Punkt *B*.

   c) Gib den Abstand der Geraden *i* und *g* an. _____

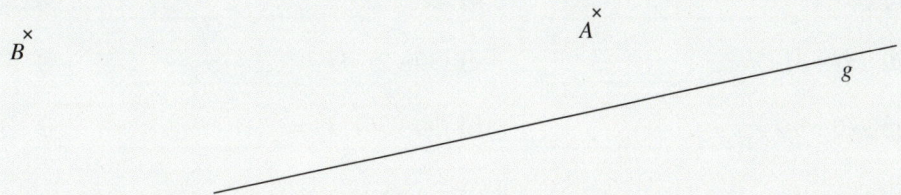

3   Zeichne jeweils die Punkte im Koordinatensystem ein und gib die fehlenden Koordinaten der Vierecke an.

   a) Quadrat *ABCD*:   *A* (1 | 1)   *B* (4 | 1)   *C* (___ | ___)   *D* (___ | ___)

   b) Parallelogramm *EFGH*:   *E* (5 | 1)   *F* (7 | 1)   *G* (___ | 3)   *H* (6 | ___)

   c) Raute *IJKL*:   *I* (10 | 1)   *J* (11 | 3)   *K* (10 | ___)   *L* (___ | 3)

   d) Rechteck *MNOP*:   *M* (12 | 1)   *N* (14 | 1)   *O* (___ | 4)   *P* (12 | ___)

Kapitel Multiplizieren und dividieren

1 Berechne.

a) $50 \cdot 4 =$ _____   b) $2 \cdot 19 =$ _____   c) $60 : 6 =$ _____   d) $72 : 9 =$ _____

e) $60 \cdot 11 =$ _____   f) $12 \cdot 15 =$ _____   g) $660 : 11 =$ _____   h) $450 : 90 =$ _____

2 Überschlage zuerst. Dividiere danach schriftlich.
Rechne jeweils die Probe.

a) _____   b) _____   c) _____

$1\ 0\ 1\ 5\ :\ 7\ =$ $4\ 6\ 8\ 9\ :\ 9\ =$ $8\ 1\ 1\ 2\ :\ 1\ 3\ =$

Probe: Probe: Probe:

3 Berechne vorteilhaft.

a) $27 \cdot 2 \cdot 5 =$ _____   b) $25 \cdot 7 \cdot 4 =$ _____   c) $55 \cdot 8 \cdot 5 =$ _____

d) $(37 + 3) \cdot 5 =$ _____   e) $(30 + 2) \cdot 11 =$ _____   f) $53 \cdot (12 - 2) =$ _____

g) $(40 + 8) : 4 =$ _____   h) $(30 + 36) : 11 =$ _____   i) $(180 - 36) : 9 =$ _____

4 Bilde das Produkt und den Quotienten von 18 und 9.

Produkt: _____   Quotient: _____

5 Lea und Ole haben in mehreren Reisebüros Angebote für eine Gruppenfahrt zu einem Outdoor-Parcour mit
25 Schülern erstellen lassen. Vergleiche beide Angebote.
Das beste Angebot von Ole ist: Ein Busunternehmen fährt alle für insgesamt 420 €.
Das beste Angebot von Lea ist: Jeder Schüler zahlt 16,70 € für die Fahrt.

_____

_____

_____

Kapitel Brüche und Verhältnisse

1 Veranschauliche die Brüche.

a) $\frac{1}{4}$ b) $\frac{2}{3}$ c) $\frac{1}{6}$ d) $\frac{1}{4}$ e) $\frac{2}{5}$ f) $\frac{3}{20}$

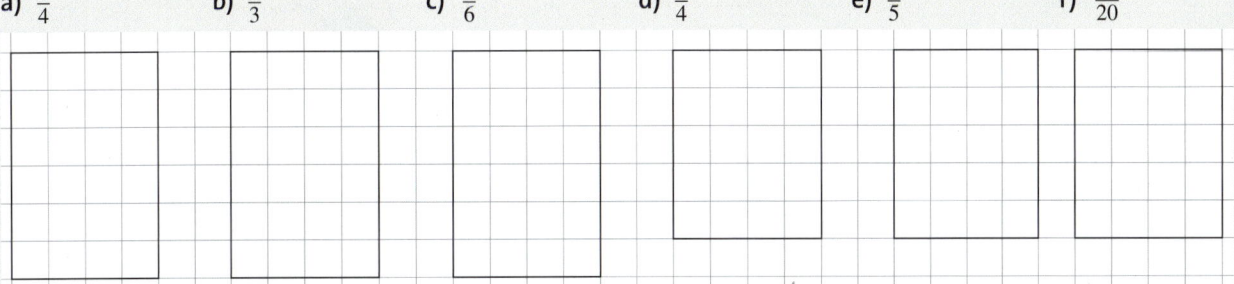

2 Schreibe entsprechende Brüche auf.

a) 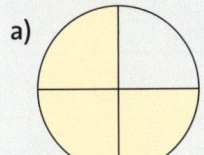 b) 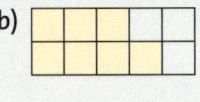 c) 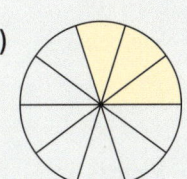 d) 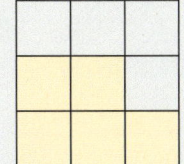 e)  f)

Der beige eingefärbte Anteil ist … eines Ganzen.

_____   _____   _____   _____   _____   _____

Der beige eingefärbte Anteil ist … kleiner als ein Ganzes.

_____   _____   _____   _____   _____   _____

3 Nimm ein Blatt Papier, halbiere viermal nacheinander und falte es danach auseinander.

a) Skizziere das Ergebnis.

b) Lege zuerst Farben fest und markiere entsprechend.
Ermittle danach den Anteil der nicht markierten Fläche.

☐ $\frac{1}{32}$ ☐ $\frac{1}{2}$ ☐ $\frac{1}{8}$

Nicht markiert sind _____

4 Bruchteile von Größen

	48 m	72 cm	240 g	96 t	2,40 €	1 d
$\frac{1}{8}$ von … sind …						
$\frac{3}{8}$ von … sind …						
$\frac{2}{3}$ von … sind …						

5 Ergänze die fehlenden Angaben.

Maßstab	1 : 2	1 : 5		10 : 1	4 : 1	
Länge im Bild	10 cm		1 cm		12 m	4 dm
Länge im Original		25 cm	1 m	2 dm		10 dm

Kapitel Flächen und Flächeninhalte

1 Gib die Flächeninhalte in Quadratzentimeter und Quadratmillimeter an und die Umfänge in Zentimeter.

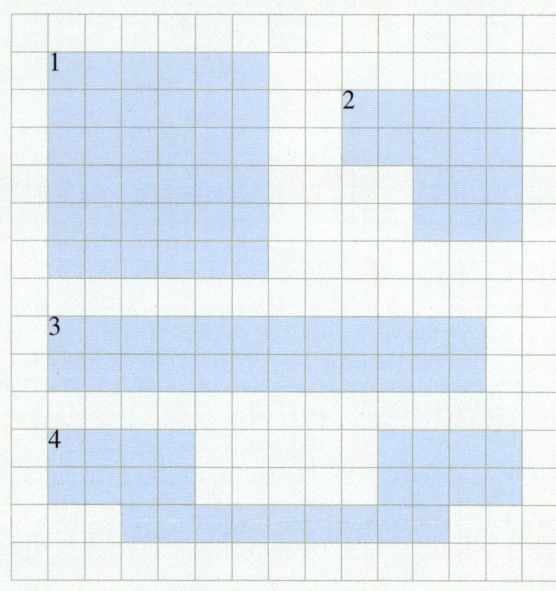

Viereck 1: _____

Viereck 2: _____

Viereck 3: _____

Viereck 4: _____

2 Rechne jeweils in die gegebene Einheit um.

a) 507000 m² = _____ dm²   **b)** 970 000 dm² = _____ m²   **c)** 802 000 000 m² = _____ km²

d) 8500 mm² = _____ cm²   **e)** 20 cm² = _____ mm²   **f)** 2,5 ha = _____ a

3 Maria hat ihr Zimmer ausgemessen und gezeichnet.
Die Längen sind in Meter angeben.

a) Berechne, wie groß ihr Zimmer ist.

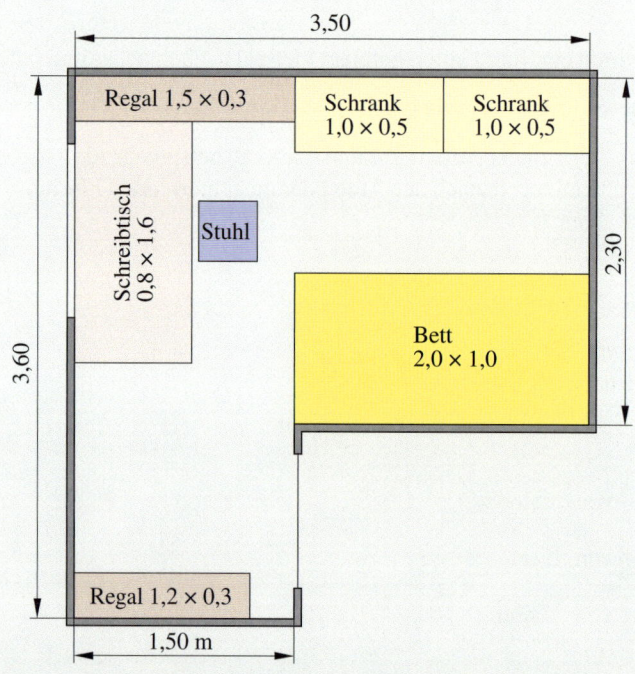

_____

b) Sie schätzt, dass auf der Hälfte der Fläche des Zimmers Möbel stehen.
Kann das stimmen?

_____

_____

Kapitel **Symmetrie**

1   Zeichne alle Symmetrieachsen und -punkte ein und kreuze Zutreffendes an.

a) 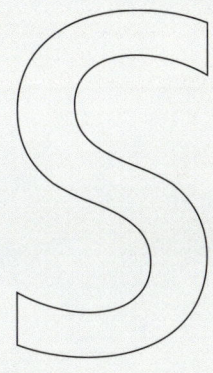   b) 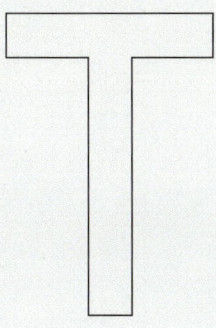   c)    d)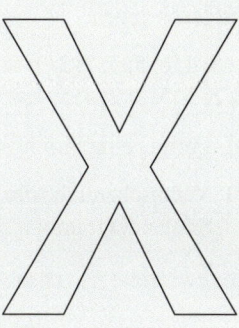

☐ achsensymmetrisch	☐ achsensymmetrisch	☐ achsensymmetrisch	☐ achsensymmetrisch
☐ punktsymmetrisch	☐ punktsymmetrisch	☐ punktsymmetrisch	☐ punktsymmetrisch
☐ nichts von beidem	☐ nichts von beidem	☐ nichts von beidem	☐ nichts von beidem

2   Zeichne die Spiegelachsen ein und benenne die Punkte.

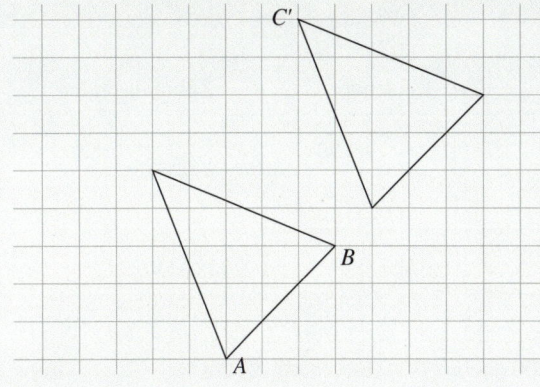   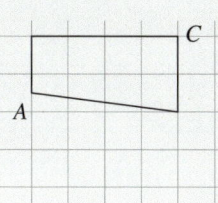   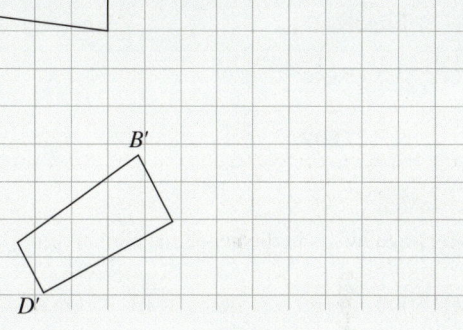

3   Ergänze zu Sternen.

a) Achsensymmetrischer Stern

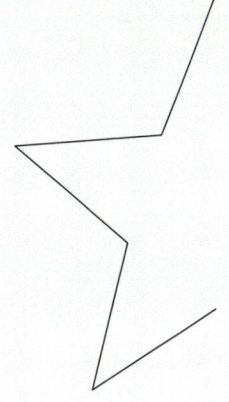

b) Punktsymmetrischer Stern

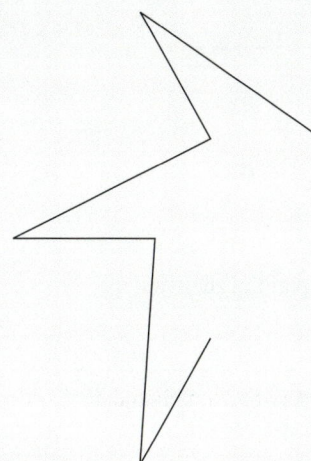

4   Vierecke welcher Art sind achsen- und auch punktsymmetrisch? Kreuze an.

☐ Quadrat   ☐ Rechteck   ☐ Parallelogramm   ☐ Raute

Jahrgangsstufentest

1 Anja hat die jeweils gewürfelte Augenzahl
aufgeschrieben:

1; 5; 4; 6; 5; 3; 2; 2; 1; 4; 6; 3; 3; 6;
4; 2; 5; 5; 3; 2; 4; 5; 1; 6; 6; 3; 5; 6.

a) Fertige eine Strichliste an.

b) Veranschauliche die Daten in einem
Säulendiagramm.

gewürfelte Augenzahl	Anzahl

2 Ergänze die Tabelle.

Runde auf …	Zehner	Hunderter	Tausender	Zehntausender
17 569				
127 899				

3 Rechne jeweils in die gegebene Einheit um.

a) 5000 cm = _____ dm   **b)** 97 km = _____ m   **c)** 82 700 cm² = ____ dm²   **d)** 27 cm² = _____ mm²

e) 823 000 g = _____ kg   **f)** 27 t = _____ kg   **g)** 180 min = _____ h   **h)** 5 d = _____ h

4 Haus im Koordinatensystem

a) Gib die Koordinaten der Punkte an.

A (____ | ____) B (____ | ____)

C (____ | ____) D (____ | ____)

E (____ | ____)

b) Welche Strecken sind parallel zueinander?

_____

c) Welche Strecken sind senkrecht zueinander?

_____

d) Gib den Flächeninhalt und den Umfang vom Viereck
$ABCE$ an.

_____

5 Herr Schmidt hat 6 832 € gewonnen. Er will das Geld gleichmäßig unter seinen sieben Enkeln aufteilen.

a) Wie viel Euro erhält jedes Kind?

_____

b) Wie viel Euro erhält jedes Kind, wenn Herr Schmidt die Hälfte für sich behält?

_____

c) Herr Schmidt und seine Enkel wollen sich vom Gewinn einen Kurzurlaub leisten. Pro Person sind dafür 279 € an das Reisebüro zu überweisen. Jedoch, wenn alle gleichzeitig bezahlen, gibt es 138 € Rabatt. Wie viel Euro sind mindestens insgesamt an das Reisebüro zu überweisen?

_____

6 Trage die gesuchten Begriffe in die Kästchen ein. Wenn alles richtig ist, ergibt sich ein Lösungswort.

1. Linie mit Anfangs- und Endpunkt
2. Figurendiagramm
3. Fachwort für einen Teil des Quotienten
4. Währungseinheit
5. Ermitteln von Näherungswerten nach festgelegten Regeln
6. kleinster Wert einer Datenreihe
7. Einheit der Zeit
8. Fachwort für einen Teil der Differenz
9. spezielles Rechteck
10. Zahl über dem Bruchstrich
11. Summe aller Seitenlängen
12. Methode zur Bestimmung von Flächeninhalten
13. zweite Koordinate
14. 10^3 steht für ...
15. Rechengesetz der Multiplikation und Addition
16. Mittelwert einer Datenreihe
17. Einheit der Masse

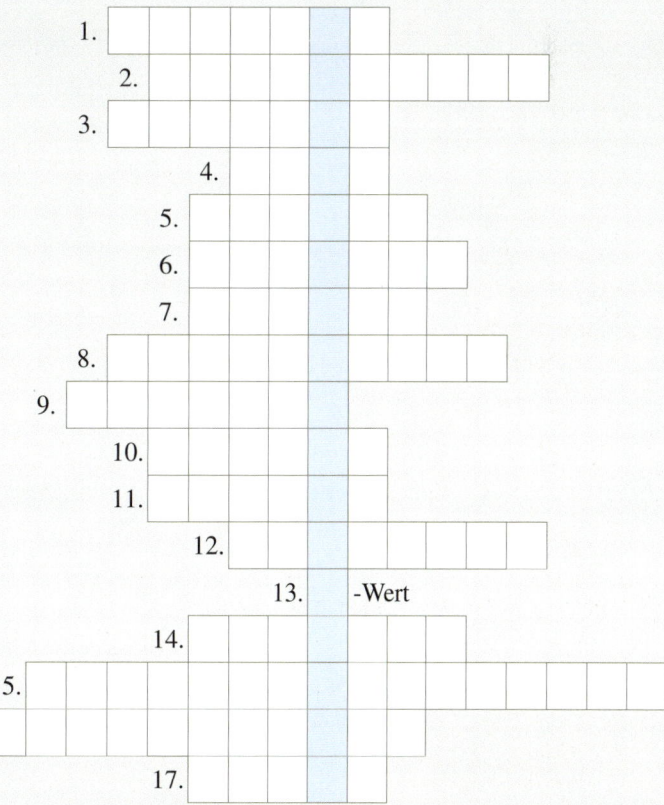

13. -Wert